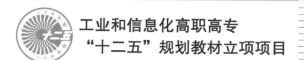

工业和信息化高职高专
"十二五"规划教材立项项目

高等职业院校
机电类"十二五"规划教材

数控机床及
应用技术

（第2版）

CNC Machine and Application of
Numerical Control Technology (2nd Edition)

◎ 李艳霞 主编

人民邮电出版社
北京

精品系列

图书在版编目（CIP）数据

数控机床及应用技术 / 李艳霞主编. -- 2版. -- 北京：人民邮电出版社，2015.9（2023.7重印）
高等职业院校机电类"十二五"规划教材
ISBN 978-7-115-39866-6

Ⅰ. ①数… Ⅱ. ①李… Ⅲ. ①数控机床－高等职业教育－教材 Ⅳ. ①TG659

中国版本图书馆CIP数据核字（2015）第155200号

内 容 提 要

　　本书是结合中国职业技术教育学会职业教育与职业资格证书推进策略与"双证课程"的研究与实践课题的研究成果，在广泛吸纳了新一轮高职院校课程教学改革实践经验的基础上编写而成的。全书共 8 章，系统地介绍了数控机床的 3 大组成，即计算机数控（CNC）系统，伺服系统、机械结构，以及数控车床、数控铣床和加工中心的编程等内容。本书在内容编排上，结合工作过程为导向的教学模式，穿插项目教学内容，可有效提高教学效果。

　　本书可作为高职高专院校机电一体化技术、数控技术、模具设计与制造、机械制造及自动化等专业的教材，也可供相关工程技术人员学习参考。

◆ 主　　编　李艳霞
　　责任编辑　刘盛平
　　责任印制　张佳莹　杨林杰
◆ 人民邮电出版社出版发行　　北京市丰台区成寿寺路 11 号
　　邮编　100164　　电子邮件　315@ptpress.com.cn
　　网址　http://www.ptpress.com.cn
　　北京九天鸿程印刷有限责任公司印刷
◆ 开本：787×1092　1/16
　　印张：15.25　　　　　　　2015 年 9 月第 2 版
　　字数：358 千字　　　　　2023 年 7 月北京第 11 次印刷

定价：35.00 元
读者服务热线：(010)81055256　印装质量热线：(010)81055316
反盗版热线：(010)81055315
广告经营许可证：京东市监广登字 20170147 号

Foreword

第 2 版

前 言

本书是根据中国职业技术教育学会职业教育与职业资格证书推进策略与"双证课程"的研究与实践课题的研究成果，并总结编者多年在数控机床应用领域的教学和工作实践经验编写而成的。

本次修订在第1版教学实践的基础上，汇集相关用书单位的意见和建议，进行了改进和调整。调整后具有以下特点。

1. 本书在传统知识体系的基础上融入项目训练内容，以便教师在组织教学的过程中通过项目训练增强教学效果，也有利于学生在项目训练过程中加深对本课程知识的理解，从而提高学生学习的积极性和主动性。

2. 每章的开始首先引入本章所要讲授的主题线索，让学生做到有的放矢地学习，然后按此线索展开教学内容。每章的最后都设有项目训练，并有案例进行示范，以综合运用本章知识，进一步培养学生的工作能力。

3. 教材的编写形式新颖。教材图文并茂、深入浅出、重点突出、详略得当，既注重数控技术的先进性，又注重其实用性，文字叙述通俗易懂。

4. 在保留原教材特色的基础上，对经过教学实践发现的第1版中存在的不恰当内容进行了全面修改，并补充了一些新内容。

各章的参考学时参见下面的学时分配表。

序　号	课 程 内 容	学 时 数			
		合　计	讲　授	实　践	备　注
1	绪论	4	3	1	
2	CNC 系统	6	4	2	
3	数控机床的伺服系统	8	6	2	
4	数控机床的机械结构	8	6	2	
5	数控加工编程基础	8	6	2	

续表

序　号	课程内容	学　时　数			备　注
		合　计	讲　授	实　践	
6	数控车床的编程	16	10	6	
7	数控铣床及加工中心的编程	20	12	8	
8	数控机床的使用与维护	2	1	1	
总　计		72	48	24	

　　本书由李艳霞担任主编，郭新兰、王增杰任副主编。其中，李艳霞编写第 1 章、第 2 章、第 4 章、第 6 章和第 7 章，王增杰编写第 3 章，郭新兰编写第 5 章和第 8 章。本书由周明虎、牟志华主审。

　　由于编者水平有限，书中难免存在不足之处，敬请广大读者批评指正。

编　者

2015 年 4 月

Contents

目 录

Chapter

1

第1章

| 绪　论 |

随着微电子计算机技术的发展，数控系统的性能日臻完善，数控技术的应用领域日益扩大，世界先进制造技术日趋成熟，数控加工技术在我国已进入普及阶段。数控加工使用的设备——数控机床在应用上遍及制造业的绝大多数企业，在品种上除了所有的通用机床都实现数控化之外，还有数控成型类机床、数控特种加工类机床及快速成型机床等。

认识数控机床

1. 数控机床的组成和特点

在数控机床上加工图 1-1 所示的零件。通过观察数控机床的工作过程，了解数控机床的组成和特点。

2. 数控机床的分类

通过观察，了解在数控机床上加工图 1-2 所示的零件，应选用哪一种类型的数控机床；通过选择数控机床了解数控机床的分类。

3. 数控机床的发展趋势

观察思考在数控机床上加工图 1-3 所示的零件，采用什么机床才能完成，以进一步了解数控机床的发展趋势。

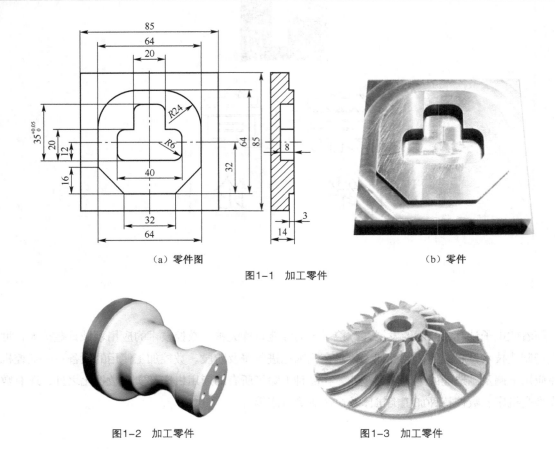

（a）零件图　　　　　　　　　　　　　　（b）零件

图1-1　加工零件

图1-2　加工零件　　　　　　　　　　图1-3　加工零件

1.2 数控机床的组成和特点

1.2.1 数控机床的组成

数控（NC）是数字控制（Numerical Control）的简称，即采用数字化信号对机床运动及其加工过程进行控制的一种方法。

装备了数控系统的机床称为数控机床，也称为NC机床。

数控机床一般由输入输出设备、计算机数控装置、伺服驱动系统、辅助控制装置、反馈系统以及机床本体组成。图1-4所示为数控机床的组成框图。

1. 输入输出设备

输入输出设备的作用是实现数控加工程序及相关数据的输入、显示、存储以及打印等。常用的输入设备有软盘驱动器、RS232C 串行通信以及 MDI 方式等；输出设备有显示器、打印机等。

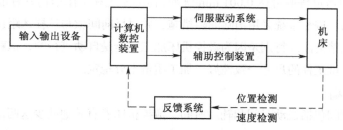

图1-4　数控机床的组成框图

2. 计算机数控装置

计算机数控装置是数控机床的核心，它的功能是根据输入的程序和数据，完成数值计算、逻辑判断、输入输出控制、轨迹插补等功能。

计算机数控装置一般由专用计算机、输入输出接口以及可编程控制器等部分组成。

3. 伺服驱动系统

伺服驱动系统的作用是把来自数控装置的运动指令转变成机床移动部件的运动，使工作台按规定轨迹移动或精确定位，加工出符合图样要求的工件。伺服系统是决定数控机床性能的主要因素之一。

伺服系统由伺服控制电路、功率放大电路和伺服电动机等组成。

4. 辅助控制装置

辅助控制装置的作用是把计算机送来的辅助控制指令经机床接口电路转换成强电信号，用来控制主轴电动机的启动、停止，主轴转速调整，冷却泵启停以及转位换刀等动作。

5. 反馈系统

反馈系统的作用是将机床移动的实际位置、速度参数检测出来，转换成电信号，并反馈到计算机中，使计算机能随时判断机床的实际位置、速度是否与指令一致，并发出相应指令，纠正所产生的误差。

6. 机床本体

机床本体是数控系统的控制对象，是实现加工零件的执行部件。它主要由主运动部件、进给运动部件、支承件以及特殊装置、自动换刀系统和辅助装置组成。与传统机床相比，数控机床具有传动结构简单、运动部件的运动精度高、结构刚性好、可靠性高、传动效率高等特点。

1.2.2 数控机床的加工特点

1. 适应范围广

在数控机床上改变加工工件时，只需要重新编制新工件的加工程序，就能实现对新工件的加工；数控机床加工工件时，只需要简单的夹具，所以改变加工工件后，也不需要制作特别的工装夹具，更不需要重新调整机床。因此，数控机床适合单件、小批量及试制新产品的工件加工。

2. 加工精度高，产品质量稳定

数控机床的脉冲当量普遍可达 0.001 mm/脉冲，传动系统和机床结构具有很高的刚度和热稳定性，工件加工精度高，进给系统采用消除间隙措施，并对反向间隙与丝杠螺距误差等由计算机实现自动补偿，所以加工精度高。特别是因为数控机床加工完全是自动进行的，这就消除了操作者人为产生的误差，使同一批工件的尺寸一致性好，加工质量十分稳定。

3. 生产效率高

工件加工所需时间包括机动时间和辅助时间。数控机床能有效地减少这两部分时间。

数控机床主轴转速和进给量的调速范围都比普通机床的范围大，机床刚性好，快速移动和停止采用了加速、减速措施，因而既能提高空行程运动速度，又能保证定位精度，有效地缩短了加工时间。

数控机床更换工件时，不需要调整机床，同一批工件加工质量稳定，无需停机检验，故辅助时间大大缩短。特别是使用自动换刀装置的数控加工中心机床，可以在一台机床上实现多工序连续加工，生产效率的提高更加明显。

4. 自动化程度高，劳动强度低

数控机床的加工是按事先编好的程序自动完成的，工件加工过程中不需要人的干预，加工完毕后自动停车，使操作者的劳动强度与紧张程度大为减轻。加上数控机床一般都具有较好的安全防护、自动排屑、冷却和自动润滑，操作者的劳动条件也大为改善。

5. 良好的经济效益

虽然数控机床价格昂贵，分摊到每个工件上的设备费用较大，但使用数控机床可节省许多其他费用。例如，工件加工前不用划线工序，工件安装、调整、加工和检验所花费的时间少，特别是不要设计制造专用工装夹具，加工精度稳定，废品率低，减少了调度环节等，所以总体成本下降，可获得良好的经济效益。

6. 有利于生产管理的现代化

数控机床加工工件，能够准确地计算零件加工工时和费用，有效地简化了检验工装夹具和半成品的管理；同时，数控机床使用了数字信息控制，为计算机辅助设计、制造及实现生产过程的计算机管理与控制奠定了良好的基础。

1.2.3 数控加工的主要对象

由数控加工的特点可以看出，数控机床适于加工的零件包括以下几种。

① 多品种、单件小批量生产的零件或新产品试制中的零件。

② 几何形状复杂的零件。

③ 精度及表面粗糙度要求高的零件。

④ 加工过程中需要进行多工序加工的零件。

⑤ 用普通机床加工时，需要昂贵工装设备（工具、夹具和模具）的零件。

1.3 数控机床的分类

数控机床是在普通机床的基础上发展起来的，它们和传统的通用机床工艺用途相似，所不同的是它们能自动地加工精度更高、形状更复杂的零件。因此，按工艺用途对数控机床进行分类，是最基本的分类方法，还可以按控制运动的轨迹或按伺服驱动系统的控制方式对数控机床进行分类。

1.3.1 按工艺用途分类

1. 金属切削类数控机床

金属切削类数控机床是指能进行车、铣、刨、磨、镗、钻等各种切削加工的数控机床，它又分为以下 2 类。

（1）普通数控机床

普通数控机床与普通机床工艺一样，分为数控车床（见图 1-5）、数控铣床（见图 1-6）、数控刨床、数控磨床、数控镗床、数控钻床等。

图1-5 数控车床

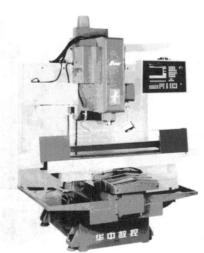

图1-6 数控铣床

（2）数控加工中心

这类数控机床是在普通数控机床的基础上加装一个刀库和自动换刀装置，构成一种带自动换刀装置的数控机床。图 1-7 所示为立式加工中心，图 1-8 所示为卧式加工中心。

数控加工中心的出现打破了一台机床只能进行单工种加工的传统概念，实行一次安装定位，完成多工序加工，避免了因多次安装造成的误差。

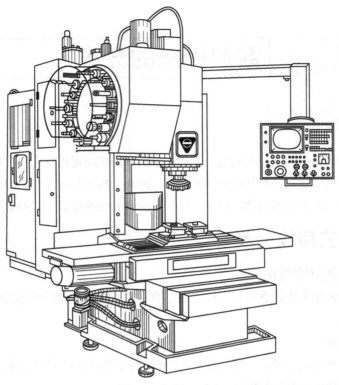

图1-7 立式加工中心

图1-8 卧式加工中心

2. 金属成型类数控机床

金属成型类数控机床是指能完成挤、冲、压、拉等成型工艺的数控机床，包括数控弯管机、数控板料折弯机、数控组合冲床、数控压力机等。这类机床起步晚，但目前发展很快。

3. 特种加工类数控机床

特种加工类数控机床包括数控电火花加工机床、数控线切割机床、数控火焰切割机床、数控激光切割机床等。

4. 其他类型数控机床

其他类型数控机床主要有数控三坐标测量仪、数控对刀仪、数控绘图仪等。

1.3.2 按控制运动的轨迹分类

1. 点位控制数控机床

点位控制数控机床只要求获得准确的加工坐标点的位置。由于数控机床只是在刀具或工件到达指定位置后才开始加工，在运动过程中并不进行加工，所以从一个位置移动到另一个位置的运动轨迹不需要严格控制。数控钻床、数控坐标镗床和数控冲床等均采用点位控制。图 1-9（a）所示为点位控制加工示意图。

2. 直线控制数控机床

直线控制也称平行控制。其特点是除了控制位移终点位置外，还能实现平行坐标轴的直线切削加工，并且可以设定直线切削加工的进给速度。其移动路线与机床坐标是平行的，即同时控制的坐标轴只有 1 个，一般只能加工矩形、台阶形等直线轮廓零件。例如，在车床上车削阶梯轴，在铣床上铣削台阶面。

常用的直线控制数控机床有数控车床、数控铣床等。图 1-9（b）所示为直线控制切削加工示意图。

3. 轮廓控制数控机床

轮廓控制数控机床能够对 2 个或 2 个以上的坐标轴同时进行控制，不仅能够控制机床移动部件的起点与终点坐标值，而且能控制整个加工过程中每一点的速度与位移量，其数控装置一般要求具有直线和圆弧插补功能、主轴转速控制功能及较齐全的辅助功能。这类机床用于加工曲面、凸轮及叶片等复杂形状的零件。

常用的轮廓控制数控机床有数控铣床、数控车床、数控磨床、加工中心等。图 1-9（c）所示为轮廓控制切削加工示意图。

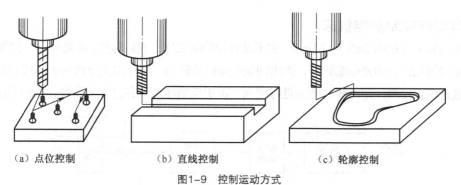

（a）点位控制　　　　　　（b）直线控制　　　　　　（c）轮廓控制

图 1-9　控制运动方式

1.3.3 按伺服驱动系统的控制方式分类

1. 开环控制数控机床

开环控制数控机床一般由控制电路、步进电动机、齿轮箱和丝杠螺母传动副等组成，图 1-10 所示为开环控制系统框图。开环控制系统中没有检测装置，指令信号发出后，没有反馈，故称开环控制。开环控制的伺服系统主要使用步进电动机。

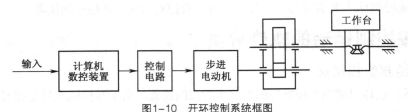

图1-10 开环控制系统框图

开环控制的特点是结构简单、调试方便、容易维修、成本较低，但其控制精度不高。目前国内大力发展的经济型数控机床，普遍采用开环数控系统。

2. 闭环控制数控机床

图1-11所示为闭环控制系统框图。安装在工作台上的检测元件将工作台实际位移量反馈到计算机中，与所要求的位置指令进行比较，用比较的差值进行控制，直到差值消除为止，从而使加工精度大大提高。

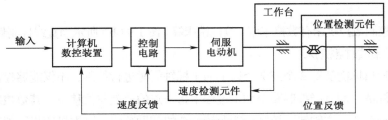

图1-11 闭环控制系统框图

闭环控制的特点是加工精度高、移动速度快。这类数控机床采用直流伺服电动机或交流伺服电动机作为驱动元件。电动机的控制电路比较复杂，检测元件价格昂贵，因而调试和维修比较复杂，成本高。

3. 半闭环控制数控机床

半闭环控制系统框图如图1-12所示。它不是直接检测工作台的位移量，而是通过与伺服电动机有联系的转角检测元件，如光电编码器，测出伺服电动机的转角，推算出工作台的实际位移量，反馈到计算机中进行位置比较，用比较的差值进行控制，由于反馈环内没有包含工作台，故称半闭环控制。

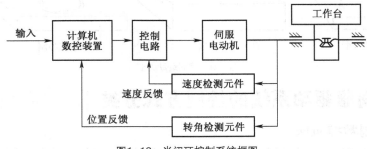

图1-12 半闭环控制系统框图

半闭环控制精度较闭环控制差，但稳定性好、成本较低，调试维修也较容易，兼顾了开环控制和闭环控制两者的特点。

1.4　数控机床的发展趋势

科学技术的发展以及世界先进制造技术的兴起和不断成熟，对数控加工技术提出了更高的要求；超高速切削、超精密加工等技术的应用，对数控机床的数控系统、伺服性能、主轴驱动、机床结构等提出了更高的性能指标；柔性制造系统（Flexible Manufacturing System，FMS）的迅速发展和计算机集成制造系统（Computer Integrated Manufacturing System，CIMS）的不断成熟，又将对数控机床的可靠性、通信功能、人工智能、自适应控制等技术提出更高的要求。当今数控机床正在不断采用最新技术成就，朝着高速化、高精度化、多功能化、智能化、高柔性化、复合化、开放式体系结构等方向发展。

1. 高速化

提高生产率是数控机床技术追求的基本目标之一。数控机床高速化可充分发挥现代刀具材料的性能，不但可大幅度提高加工效率、降低加工成本，而且还可提高零件的表面加工质量和精度，对制造业实现高效、优质、低成本生产具有广泛的适用性。要实现数控设备高速化，首先要求数控系统能对由微小程序段构成的加工程序进行高速处理，以便计算出伺服电动机的移动量。同时要求伺服电动机能高速度地作出反应，采用 32 位及 64 位微处理器，是提高数控系统高速处理能力的有效手段。实现数控设备高速化的关键是提高切削速度、进给速度和减少辅助时间。

2. 高精度化

现代科学技术的发展，新材料及新零件的出现，对精密加工技术不断提出新的要求。提高加工精度，发展新型超精密加工机床，完善精密加工技术，以适应现代科技的发展，是现代数控机床的发展方向之一。其精度已从微米级提高到亚微米级，乃至纳米级。提高数控机床的加工精度，一般可通过减少数控系统的误差和采用机床误差补偿技术来实现。在减少 CNC 系统控制误差方面，通常采取提高数控系统的分辨率、提高位置检测精度、在位置伺服系统中采用前馈控制与非线性控制等方法。在机床误差补偿技术方面，除采用齿隙补偿、丝杠螺距误差补偿和刀具补偿等技术外，还可对设备热变形进行误差补偿。

3. 多功能化

（1）具有多种监控、检测及补偿功能

为了提高数控系统的效率及运行精度，现代数控系统配置了各种检测装置，如刀具磨损的检测、系统精度及热变形的检测等。与之相适应，现代数控系统具备工具寿命管理、刀具长度补偿、刀尖补偿、爬行补偿、实时变形补偿等功能。

（2）彩色 CRT 图形显示

大多数现代数控系统都带有显示器，可以进行二维图形轨迹显示，有的还可以实现三维彩色动态图形显示。

（3）人机对话功能

借助显示器、利用键盘可以实现程序的输入、编辑、修改和删除等功能，此外还具有前台操作、后台编辑的功能。

（4）自诊断功能

现代数控系统已具有硬件、软件及故障自诊断功能，提高了可维修性及系统的使用效率。

（5）很强的通信功能

现代数控系统，除了能与编程机、绘图机等外围设备通信外，还能与其他 CNC 系统或上级计算机通信，以实现柔性制造系统连线的要求。

4．智能化

随着人工智能在计算机领域的不断渗透与发展，为适应制造业生产柔性化、自动化的需要，智能化正成为数控设备研究及发展的热点。它不仅贯穿于生产加工的全过程，还贯穿于产品的售后服务和维修中，目前采取的主要技术措施包括以下几个方面。

（1）自适应控制技术

自适应控制可根据切削条件的变化，自动调节工作参数，使机床在加工过程中能保持最佳工作状态，从而得到较高的加工精度和较小的表面粗糙度，同时也能提高刀具的使用寿命和设备的生产效率，达到改进系统运行状态的目的。

（2）专家系统技术

将专家经验和切削加工的一般规律与特殊规律存入计算机中，以加工工艺参数数据库为支撑，建立具有人工智能的专家系统，提供经过优化的切削参数，使加工系统始终处于最优和最经济的工作状态，从而提高编程效率和降低对操作人员的技术要求，缩短生产准备时间。

（3）故障自诊断、自修复技术

在整个工作状态中，系统随时对 CNC 系统本身以及与其相连的各种设备进行自诊断、检查，一旦出现故障，立即采取停机等措施，进行故障诊断，提示发生故障的部位、原因等，并利用"冗余"技术，自动使故障模块脱机，而接通备用模块，以确保无人化工作环境的要求。

5．高柔性化

采用柔性自动化设备或系统，是提高加工精度和效率，缩短生产周期，适应市场变化需求和提高竞争能力的有效手段。数控机床在提高单机柔性化的同时，朝着单元柔性化和系统柔性化方向发展，如出现了可编程控制器（PLC）控制的可调组合机床、数控多轴加工中心、换刀换箱式加工中心、数控三坐标动力单元等，具有柔性的高效加工设备、柔性加工单元（FMC）、柔性制造系统（FMS）以及介于传统自动线与 FMS 之间的柔性制造线（FTL）。

6. 复合化

复合化包含工序复合化和功能复合化。数控机床的发展已模糊了粗精加工工序的概念。加工中心的出现，又把车、铣、钻等工序集中到一台机床上来完成，打破了传统的工序界限和分开加工的工艺规程，可最大限度地提高设备利用率。为了进一步提高工效，现代数控机床又采用了多主轴、多面体切削，即同时对一个零件的不同部位进行不同方式的切削加工，如各类五面体加工中心。另外，现代数控系统的控制轴数也在不断增加，有的多达 15 轴，其同时联动的轴数已达 6 轴。

7. 开放式体系结构

20 世纪 90 年代以后，计算机技术的飞速发展推动数控机床技术更快地更新换代，世界上许多数控系统生产厂家利用 PC 丰富的软、硬件资源开发开放式体系结构的新一代数控系统。开放式体系结构可以大量采用通用微机的先进技术，如多媒体技术，实现声控自动编程、图形扫描自动编程等。其新一代数控系统的硬件、软件和总线规范都是对外开放的，由于有充足的软、硬件资源可供利用，不仅使数控系统制造商和用户进行系统集成得到有力的支持，而且也为用户的二次开发带来极大方便。开放式体系结构促进了数控系统多档次、多品种的开发和广泛应用。既可通过升档或剪裁构成各种档次的数控系统，又可通过扩展构成不同类型数控机床的数控系统，开发生产周期大大缩短。这种数控系统可随 CPU 升级而升级，结构上不必变动，使数控系统有更好的通用性、柔性、适应性、扩展性，并向智能化、网络化方向发展。

1.5　项目训练——熟悉数控机床的组成、类型和特点

1. 项目训练的目的与要求

① 了解数控加工的工作过程。

② 了解数控机床的组成及各部分的功能。

③ 了解数控机床的类型及加工工艺范围。

2. 项目训练的仪器与设备

配置 FANUC 数控系统（或 SIEMENS 数控系统）的数控车床、数控铣床、加工中心，以及进行加工演示所需要的夹具、刀具和工件等。

3. 项目训练的内容

① 观察数控车床加工回转体类零件的演示。

② 观察数控铣床加工平面曲线类零件的演示。

③ 观察加工中心加工综合类零件的演示。

④ 观察数控机床的组成、结构及各部分的功能。

4. 项目训练的报告

① 写出在数控机床上加工零件的工作过程。

② 画出数控机床的组成框图，并写出各部分的功能。

③ 写出你所看到的数控机床属于哪种类型。

本章小结

本章介绍了数控机床的工作过程、数控机床的组成和特点、数控机床的分类，以及数控机床的发展趋势。要求读者了解数控机床的工作过程，掌握数控机床的组成、特点以及分类方法，了解数控机床的发展趋势。

习 题

1. 什么叫数控？什么叫数控机床？

2. 数控机床由哪几部分组成？各有什么作用？

3. 简述数控机床的加工特点以及主要加工对象。

4. 数控机床按工艺用途分为哪些类型？各用于什么场合？

5. 数控机床按控制运动的轨迹分为哪些类型？各适用于什么场合？

6. 数控机床按伺服驱动系统的控制方式分为哪些类型？各有何优缺点？

第2章
| CNC 系统 |

　　数控机床的数字控制系统简称数控系统。早期的数控系统是由数字逻辑电路来处理数字信息，被称为硬件数控系统（习惯上称为 NC 系统）。随着微型计算机技术的发展，硬件数控系统已逐渐被淘汰，取而代之的是计算机数控系统。计算机数控（Computerized Numerical Control，CNC）系统是由计算机来处理数字信息的系统。所以，计算机数控系统是一种包含计算机在内的数字控制系统。

　　CNC 系统是一种位置控制系统。其控制过程是根据输入的信息，进行数据处理、插补运算，获得理想的运动轨迹信息，然后输出到执行部件，加工出所需要的工件。

认识 CNC 系统的工作过程

1. 数控车床的 CNC 系统

　　熟悉数控车床的 CNC 装置及其与数控车床功能有关的功能模块结构和接口单元，对操作或维护数控车床有直接的指导意义。

　　图 2-1 所示为数控车床。CNC 系统核心是计算机数字控制装置（CNC 装置），实质上是一种专用的计算机，除计算机一般的结构外，还有和数控机床功能有关的功能模块结构和接口单元。CNC 系统由硬件（数控系统本体器件）和软件（系统控制程序，如编译、中断、诊断、管理、刀补、插补等）组成。

2. 认识加工中心的 CNC 系统

　　熟悉加工中心的 CNC 装置及其与加工中心功能有关的功能模块结构和接口单元，对操作或维护数控铣床和加工中心有直接的指导意义。

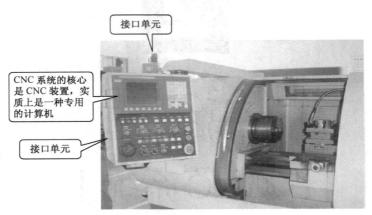

图2-1　数控车床

图 2-2 所示为加工中心。CNC 系统主要包括计算机数字控制装置（CNC 装置）、与数控机床功能有关的功能模块结构和接口单元。

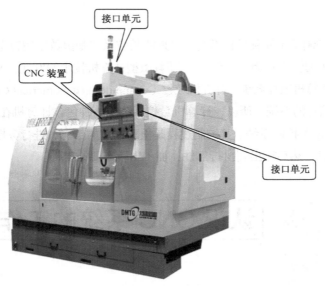

图2-2　加工中心

CNC 系统的基本组成及其功能

2.2.1　CNC 系统的组成

CNC 系统由输入输出装置、计算机数字控制装置、可编程序控制器（PLC）、主轴驱动装置和进给驱动装置等组成。CNC 系统基本组成如图 2-3 所示。

　　CNC 系统的核心是计算机数字控制装置（CNC 装置）。CNC 装置主要由硬件和软件 2 大部分组成。硬件和软件的关系是密不可分的。硬件是系统的工作平台，软件是整个系统的灵魂。数控系统是在软件的控制下有条不紊地完成各项工作的。

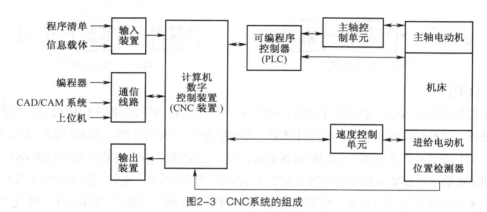

图2-3　CNC系统的组成

　　程序的输入方式，可以通过读取信息载体方式，还可以通过其他方式获得数控加工程序。例如，通过键盘方式输入和编辑数控加工程序；通过通信方式输入其他计算机程序编辑器、自动编程器、ACD/CAM 系统或上位机所提供的数控加工程序；高档的数控装置本身已包含一套自动编程系统或 CAD/CAM 系统，只需采用键盘输入相应的信息，数控装置本身就能生成数控加工程序。

2.2.2　CNC 系统的工作过程

　　使用 CNC 机床加工，首先要编制零件程序；而零件程序的解释与具体执行，则要由 CNC 系统软件来完成。一个零件程序首先要输入到 CNC 系统中，经过译码、数据处理、插补、位置控制，再由伺服系统执行 CNC 系统输出的指令以驱动机床完成加工。这个过程可以用图 2-4 表示，其中的虚线框就是 CNC 系统。

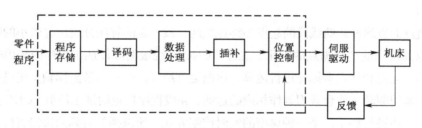

图2-4　CNC对零件程序的处理流程图

CNC 系统在其硬件环境的支持下以及系统软件的控制下，完成以下 9 个方面的工作。

1. 零件程序的输入

　　CNC 系统具备了正常工作条件后，开始输入零件加工程序、刀具长度补偿数值、刀具半径补偿数值以及工件坐标系原点相对机床原点的坐标值。输入方式有光电阅读机输入、磁盘输入、手动键盘输入（即 MDI 输入方式）、上级计算机的分布式数控（DNC）接口输入。CNC 系统对数控设备进行自动控制所需的各种外部控制信息及加工数据，都是通过输入设备存入 CNC 装置的存储器中。输入设备主要有 2 个任务，一是从光电阅读机或键盘输入零件加工程序，并将其存放在零件程序存储器中，如图 2-5 所示；二是从零件程序存储器中把零件程序逐段往外调出，送入缓冲区，以便译码时使用，如图 2-6 所示。

图2-5　输入过程图　　　　　　　　　　　　　图2-6　读出过程图

2．译码

加工控制信息输入后，启动加工运行，此时 CNC 装置在系统控制程序的作用下，对数控程序进行预处理，即进行译码和预计算（刀补计算、坐标变换等）。所谓译码，就是将输入的程序段按照一定的规则翻译成数控系统能够识别的数据形式，并按约定的形式存放在指定的译码结果缓冲器中。具体来讲，就是从数控加工程序缓冲器或 MDI 缓冲器逐个读入字符，先识别出其中的文字码和数字码，然后根据文字码代表的功能，将后续数字码送到相应的译码结果缓冲器单元中。由此可见，译码主要包括代码识别和功能解释 2 大部分。在译码过程中，还要完成对程序段的语法检查，若发现语法错误系统立即报警。

3．刀具补偿

CNC 系统的零件加工程序以零件的轮廓轨迹来编程，而实际加工中是以刀具中心点所移动的轨迹为依据。因此，必须在刀具半径和刀具长度上给予补偿，即把零件的轮廓轨迹转换成刀具中心轨迹。

4．进给速度处理

编程指令给出的速度是在各坐标合成方向上的速度，进给速度处理首先要根据合成速度计算各坐标方向上的分速度。速度控制程序根据给定的速度值控制插补运算的频率，以保证预定的进给速度。在速度变化较大时，需要进行自动加减速控制，以避免因速度突变而造成驱动系统失步。

5．插补

在组成轨迹的直线段或曲线段的起点和终点之间，按一定的算法分成足够微小的线段，完成程序小线段起点到终点的"数据点的密化"工作。CNC 系统根据零件加工程序中提供的数据，如线段轨迹的种类、起点和终点坐标等进行运算。根据运算结果，分别向各坐标轴发出进给脉冲。进给脉冲通过伺服系统驱动工作台或刀具作相应的运动，完成程序规定的加工任务。CNC 系统是一边进行插补运算、一边进行加工，是一种典型的实时控制方式，所以插补运算的快慢直接影响机床的进给速度，因此尽可能地缩短运算时间，是插补运算程序的关键。

6．位置控制

在伺服回路的配置环上控制位置，这部分工作可由软件完成，也可由硬件完成。它的主要任务是在每个采样周期，将插补计算出的理论位置与实际反馈位置进行比较，用差值去控制进给电动机。在位置控制中，通常还要完成位置回路的增益调整、各坐标方向的螺距误差补偿和反向间隙补偿。

7. I/O 处理

机床上的强电信号输入/输出和计算机一侧的弱电信号进行交换与处理，以便控制许多应答式动作，如换刀、润滑启闭、换挡、冷却等。

8. 显示

为操作者提供方便，通常显示零件加工程序、参数、机床状态、刀具位置、报警信息等。

9. 诊断

诊断的功能是在程序运行中及时发现系统的故障，并指出故障的类型。也可以在运行前或故障发生后，检查系统各主要部件（如 CPU、存储器、接口、开关、伺服系统等）的功能是否正常，并指出发生故障的部位。CNC 系统具有联机和脱机诊断能力。联机诊断是指 CNC 系统配备有自诊断程序，随时检查不正确的事件。脱机诊断是指 CNC 系统配备有各种脱机诊断程序，检查存储器、外围设备及 I/O 接口等。

2.2.3　CNC 系统的功能

CNC 系统的功能是指满足用户操作和机床控制要求的方法和手段。CNC 系统的功能分为基本功能和选择功能。基本功能是数控系统必备的功能，选择功能是供用户根据机床的特点和用途进行选择的功能。

1. 基本功能

（1）控制功能

控制功能指 CNC 系统能控制的轴数以及能同时控制（即联动）的轴数，是 CNC 系统的主要功能之一。控制轴有（X、Y、Z）和回转轴（A、B、C），有基本轴和附加轴（U、V、W）。联动轴可以完成轮廓轨迹加工。普通数控车床一般为二轴联动（X 轴和 Z 轴）；铣床一般为三轴控制或二轴联动；加工中心一般为三轴联动、多轴控制。控制轴数越多，特别是联动轴数越多，CNC 系统就越复杂，编程也就越困难。

（2）准备功能

准备功能也称为 G 功能，用来指定机床动作方式，包括基本移动、程序暂停、平面选择、坐标设定、刀具补偿、基准点返回、固定循环、公英制转换及绝对值增量转换等。ISO 标准中规定准备功能有 G00～G99 共 100 种，数控系统可从中选用，但目前许多数控系统已用到 G99 以外的代码。

（3）插补功能

插补功能是数控系统实现零件轮廓（平面或空间）加工轨迹运算的功能。CNC 系统通过插补运算，计算出运动轨迹中点的坐标值，为各坐标轴协调运动提供数据依据。一般的数控系统都有直线和圆弧插补功能，高档数控系统还具有抛物线插补、螺旋线插补、极坐标插补、正弦插补、样条插补等功能。

（4）主轴功能

主轴功能是指数控系统控制主轴转速的功能，用指令指定，一般由 S 和数值组成，单位为 r/min。主轴的转向用 M03（正转）、M04（反转）指令。机床面板上设有主轴倍率开关，不修改程序就可改变主轴转速。

（5）进给功能

进给功能是指定各轴进给速度的功能，包括切削进给、同步进给、快速进给、进给倍率的指定等。进给功能用 F 直接指定各轴的进给速度。

① 切削进给速度：控制刀具相对工件的运动速度，用 F 和其后的数字指定，单位为 mm/min。

② 同步进给速度：以主轴每转进给量规定的进给速度，实现切削速度和进给速度的同步，单位为 mm/r。

③ 进给倍率：人工实时修调预先给定的进给速度，设置在操作面板上，可在 0%～200%变化，每挡间隔 10%。使用倍率开关不用修改程序中的代码，就可改变机床的进给速度。

（6）辅助功能

辅助功能用来指定主轴的启停和转向，冷却液的接通或断开，刀库的启、停，工件的夹紧或松开等，用 M 指令指定。各种型号的 CNC 数控系统具有辅助功能的多少差别很大，而且有许多辅助功能是自定义的。

（7）刀具功能

刀具功能用来选择刀具，实现对刀具几何尺寸和寿命的管理功能。刀具几何尺寸（半径和长度），供刀具补偿功能使用；刀具寿命是指时间寿命，当刀具寿命到期时，CNC 系统将提示用户更换刀具；CNC 系统都具有刀具功能，用于标识刀库中的刀具和自动选择加工刀具。

（8）字符显示功能

CNC 系统配有单色或彩色显示器，用来显示程序、机床参数、各种补偿量、坐标位置、故障信息等。

（9）自诊断功能

CNC 系统中有各种诊断程序，可以防止故障的发生或扩大。在故障出现后可迅速查明故障类型及部位。不同的 CNC 系统设置的诊断程序不同，可以包含在系统程序中，在系统运行过程中进行检查和诊断；也可作为服务性程序，在系统运行前或故障停机后进行诊断，查找故障部位。

2. 选择功能

（1）补偿功能

补偿功能包括刀具长度补偿、刀具半径补偿、坐标轴的反向间隙补偿、进给传动件的传动误差补偿等。刀具半径和长度补偿功能是实现按零件轮廓编制的程序控制刀具中心轨迹的功能；传动链误差补偿功能包括螺距误差补偿和反向间隙误差补偿功能；非线性误差补偿功能就是对诸如热变形、静态弹性变形、空间误差以及由刀具磨损所引起的加工误差等，采用 AI、专家系统等新技术进行建模，利用模型实施在线补偿。CNC 系统的补偿功能可以在不改变程序的情况下，加工出符合质量要求的零件。

（2）固定循环功能

固定循环功能是 CNC 系统为典型的加工工序编写固定循环加工指令的功能，使用固定循环指令可以简化编程。固定循环功能用在螺纹加工、钻孔、铰孔、攻螺纹等工序中。

（3）图形显示功能

CNC 系统配高分辨率的彩色显示器，用来人机对话编程菜单、零件图形、动态刀具模拟轨迹等。

（4）通信功能

CNC 系统一般配有 RS232 接口及 DNC 接口，并设有缓冲存储器，实现程序和参数的输入、输出和存储。有些 CNC 系统可与制造自动化协议（MAP）相连，进入工厂通信网络，满足 FMS 和 CIMS 的要求。

（5）人机对话编程功能

人机对话编程功能不但有助于编制复杂零件的程序，而且可以方便编程。如蓝图编程只要输入图样上表示几何尺寸的命令，就能自动生成加工程序；对话式编程可根据引导图和说明进行，并具有工序、刀具、切削条件等的自动选择的智能功能；用户宏编程可使未受过 CNC 训练的人也能很快进行编辑。

CNC 系统的硬件结构

数控系统的硬件结构，按 CNC 装置中各电路板的插接方式可分为大板式结构和功能模块式结构；按微处理器的个数可分为单微处理器结构和多微处理器结构；按硬件的制造方式可分为专用型结构和个人计算机式结构；按 CNC 装置的开放程度可分为封闭式结构、PC 嵌入 NC 式结构、NC 嵌入 PC 式结构和软件型开放式结构。

2.3.1　单微处理器与多微处理结构

1. 单微处理器结构

（1）结构组成

所谓单微处理器结构，是指在 CNC 装置中只有 1 个微处理器（CPU），工作方式是集中控制，分时处理数控系统的各项任务，如存储、插补运算、输入输出控制、屏幕显示等。某些 CNC 装置中虽然用了 2 个以上的 CPU，但能够控制系统总线的只是其中的 1 个 CPU，它独占总线资源，通过总线与存储器、输入输出控制等各种接口相连；其他的 CPU 则作为专用的智能部件，它们不能控制总线，也不能访问存储器。这是一种主从结构，故被归纳于单微处理器结构。单微处理器结构框图如图 2-7 所示。

① 微处理器。微处理器担负数控系统的运算和管理功能，它由运算器和控制器 2 部分组成，是数控系统的核心。运算器是对数据进行算术运算和逻辑运算的部件，在运算过程中运算器不断地得到由存储器提供的数据，并将运算结果送向存储器保存起来。运算器通过对运算结果的判断，设

置寄存器的相应状态（进位、奇偶和溢出等）。控制器从存储器中依次取出组成程序的指令，经过译码后按顺序向数控系统的各部分发出执行操作的控制信号，使指令得以执行，因此控制器是统一指挥和控制数控系统各部件的中央机构。它一方面向各个部件发出执行任务的命令；另一方面接收执行部件发送的反馈信息，控制器根据程序中的指令信息和反馈信息，决定下一步的命令操作。

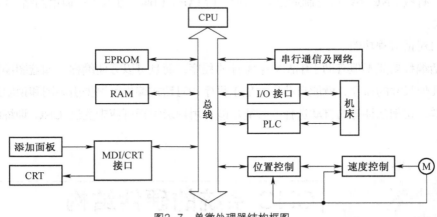

图 2-7　单微处理器结构框图

②　总线。总线是由赋予一定信号意义的物理导线构成，按信号的物理意义，可分为数据总线、地址总线、控制总线 3 组。数据总线为各部分之间传送数据，数据总线的位数和传送的数据宽度相等，采用双方向线。地址总线传送的是地址信号，与数据总线结合使用，以确定数据总线上传输的数据来源或目的地，采用单方向线。控制总线传输的是管理总线的某些控制信号，如数据传输的读写控制、中断复位及各种确认信号，采用单方向线。

③　存储器。CNC 装置的存储器包括只读存储（ROM）和随机存储器（RAM）2 类。ROM 一般采用可以用紫外线擦除的只读存储器（EPROM），这种存储器的内容只能由 CNC 装置的生产厂家固化（写入），写入信息的 EPROM 即使断电，信息也不会丢失，它只能被 CPU 读出，不能写进新的内容，要想写入新的内容必须用紫外线抹除之后，才能重新写入。RAM 中的信息可以随时被 CPU 读或写，但断电后，信息也随之消失，如果需要断电后保留信息，一般可采用后备电池。

④　输入输出（I/O）接口。CNC 装置和机床之间的信号，一般不直接连接，而通过输入和输出（I/O）接口电路连接。接口电路的主要任务是进行必要的电气隔离，防止干扰信号引起误动作。要用光电耦合器或继电器将 CNC 装置和机床之间的信号在电气上加以隔离。I/O 信号经接口电路送至系统寄存器的某一位，CPU 定时读取寄存器状态，经数据滤波后作相应处理。同时 CPU 定时向输出接口送出相应的控制信号。

⑤　位置控制器。CNC 装置中的位置控制单元又称为位置控制器或位置控制模块。位置控制主要是对数控机床的进给运动的坐标轴位置进行控制。例如，工作台前后左右移动、主轴箱的上下移动、围绕某一直线轴旋转运动等。轴控制是数控机床上要求最高的位置控制，不仅对单个轴的运动和位置的精度有严格要求，而且在多轴联动时，还要求各移动轴有很好的动态配合。

对主轴的控制要求在很宽的范围内速度连续可调，并且每一种速度下均能提供足够的切削所需的功率和转矩。在某些高性能的 CNC 系统机床上还要求主轴位置可任意控制（即 C 轴位置控制）。

⑥ MDI/CRT 接口。MDI 接口即手动数据输入接口，数据通过操作面板上的键盘输入。CRT 接口是在 CNC 系统软件配合下，在显示器上实现字符和图形显示。显示器多为电子阴极射线管（CRT）的。近年来已经开始出现平板式液晶显示器（LCD），使用这种显示器可大大缩小 CNC 装置的体积。

⑦ 可编程序控制器（PLC）。它是用来代替传统机床强电的继电器逻辑控制，利用 PLC 的逻辑运算功能实现各种开关量的控制。内装型 PLC 从属于 CNC 装置，PLC 与 NC 之间的信号传送在 CNC 装置内部实现；PLC 与 MT（机床）间则通过 CNC 输入/输出接口电路实现信号传输。数控机床中的 PLC 多采用内装式，它已成为 CNC 装置的一个部件。独立型 PLC 又称通用型 PLC，独立型 PLC 不属于 CNC 装置，可以自己独立使用，具有完备的硬件和软件结构。

⑧ 通信接口。通信接口用来与外设进行信息传输，如与上级计算机或直接数字控制器 DNC 等进行数字通信。

（2）结构特点

① 结构简单，容易实现。

② 微处理器通过总线与各个控制单元相连，完成信息交换。

③ 由于只用一个微处理器来集中控制，其功能受到微处理器字长、数据宽度、寻址功能和运算速度等因素限制；由于插补等功能由软件来实现，因此数控功能的实现与处理速度成为一对矛盾。

2. 多微处理器结构

多微处理器结构的 CNC 装置中有 2 个或 2 个以上微处理器，所以称为多微处理器结构。多微处理器 CNC 装置一般采用 2 种结构形式，即紧耦合结构和松耦合结构。在前一种结构中，由各微处理器构成处理部件，处理部件之间采取紧耦合方式，有集中的操作系统，共享资源。在后一种结构中，由各微处理器构成功能模块，功能模块之间采取松耦合方式，有多重操作系统，可以有效地实行并行处理。图 2-8 所示为多微处理器 CNC 的组成框图。

（1）多微处理器 CNC 装置的功能模块

多微处理器 CNC 装置的结构都采用模块化技术，设计和制造了紧耦合的许多功能组件电路或功能模块。CNC 装置中包括哪些模块，可根据具体情况合理安排。一般由下面几种功能模块组成。

① CNC 管理模块。管理和组织整个 CNC 系统的工作，主要包括初始化、中断管理、总线裁决、系统出错识别和处理、软硬件诊断等功能。

② CNC 插补模块。完成零件程序的译码、刀具半径补偿、坐标位移量的计算和进给速度处理等插补前的预处理，然后进行插补计算，为各坐标轴提供位置给定值。

③ PLC 模块。零件程序中的开关功能和由机床发来的信号在这个模块中作逻辑处理，实现各功能和操作方式之间的连锁，机床电气设备的启停、刀具交换、转台分度、工件数量和运转时间的计数等。

④ 位置控制模块。插补后的坐标位置给定值与位置检测装置测得的位置实际值进行比较，进行自动加减速、回基准点、伺服系统滞后量的监视和漂移补偿，最后得到速度控制的模拟电压，去驱动进给电动机，这些工作都由位置控制模块完成。

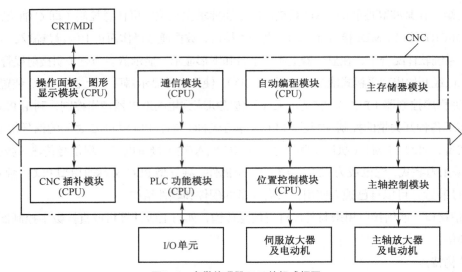

图2-8　多微处理器CNC的组成框图

⑤ 存储器模块。为程序和数据的主存储器，或为各功能模块间进行数据传送的共享存储器。

⑥ 操作面板监控和显示模块。零件程序、参数、各种操作命令和数据的输入、输出、显示所需要的各种接口电路。

如果 CNC 装置需要扩展功能，则可再增加相应的模块。

（2）多微处理器 CNC 装置的 2 种典型结构

多微处理器结构的 CNC 装置多为模块化结构，通常采用共享总线和共享存储器 2 种典型结构实现模块间的互连与通信。

① 共享总线结构。以系统总线为中心的多微处理器 CNC 装置，把组成 CNC 装置的各个功能部件划分为带有 CPU 或 DMA 器件的主模块和不带 CPU 或 DMA 器件的从模块（如各种 RAM、ROM 模块，I/O 等）两大类。所有主、从模块都插在配有总线插座的机柜内，共享严格设计定义的标准系统总线。系统总线的作用是把各个模块有效地连接在一起，按照标准协议交换各种数据和控制信息，构成完整的系统，实现各种预定的功能。

（a）分布式总线结构。如图 2-9 所示，各微处理器之间均通过一条外部的通信链路连接在一起，它们相互之间的联系及对共享资源的使用都要通过网络技术来实现。

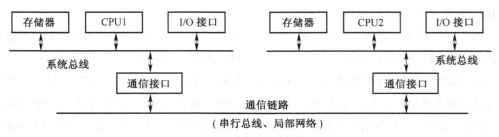

图2-9　分布式总线结构

（b）主从式总线结构。如图 2-10 所示，有一个微处理器称为主控微处理器，其他则称为从微处理器，各微处理器也都是完整独立的系统。只有主控微处理器能控制总线，并访问总线上的资源，主微处理器通过该总线对从微处理器进行控制、监视，并协调多个微处理器系统的操作；从微处理器只能被动地执行主微处理器发来的命令，或完成一些特定的功能，不可能与主微处理器一起进行系统的决策和规划等工作，一般不能访问系统总线上的资源。主、从微处理器的通信可以通过 I/O 接口进行应答，也可以采用双端 RAM 技术进行，即通信的双方都通过自己的总线读/写同一个存储器。

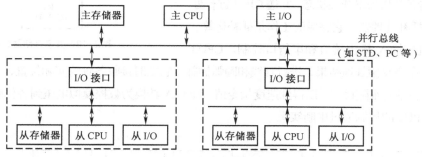

图2-10   主从式总线结构

（c）总线式多主 CPU 结构。如图 2-11 所示，有一条并行主总线连接着多个微处理器系统，每个 CPU 可以直接访问所有系统资源，包括并行总线、总线上的系统存储器及 I/O 接口；同时还允许自由而独立地使用所有资源，诸如局部存储器、局部 I/O 接口等。各微处理器从逻辑上分不出主从关系，为解决多个主 CPU 争用并行总线的问题，在这样的系统中有一个总线仲裁器，为各 CPU 分配了总线优先级别，每一时刻，只有总线优先级较高的 CPU 可以使用并行总线。

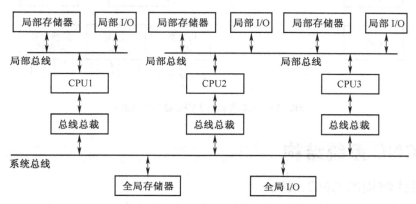

图2-11   总线式多主CPU结构

② 共享存储器结构。采用多端口存储器来实现 CPU 之间的互连和通信，每个端口都配有一套数据、地址、控制线，以供端口访问，由专门的多端口控制逻辑电路解决访问的冲突。但这种方式由于同一时刻只能有一个微处理器对多端口存储器读/写，所以功能复杂。当要求微处理器数量增多时，会因争用共享存储器而造成信息传输的阻塞，降低系统效率，因此扩展功能很困难。图 2-12 所示为采用多微处理器共享存储器的 CNC 系统框图。

图 2-13 所示为一采用共享存储器多 CPU 数控系统，功能模块之间通过公用存储器连接耦合在一起。图中共 3 个 CPU，CPU1 为中央处理器，其任务是进行程序的编制、译码、刀具和机床参数的输

入。此外，作为主微处理器，它还控制 CPU2 和 CPU3，并与之交换信息。CPU2 为 CRT 显示处理器，它的任务是根据 CPU1 的指令和显示数据，在显示缓冲区中组成画面数据，通过 CRT 控制器、字符发生器和移位寄存器，将显示数据串行送到视频电路进行显示。此外，它还定时扫描键盘和倍率开关状态，并送 CPU1 进行处理。CPU3 为插补处理器，它完成的工作是插补运算、位置控制、机床输入/输出接口和串行口控制。CPU3

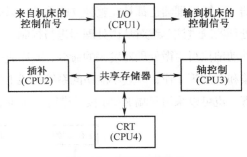

图2-12　共享存储器结构

根据 CPU1 的命令及预处理结果，进行直线和圆弧插补。它定时接收各轴的实际位置，并根据插补运算结果，计算各轴的跟随误差，以得到速度指令值，经 D/A 转换为数控模拟电压到各伺服单元。CPU1 对 CPU2 和 CPU3 的控制通过中断实现。

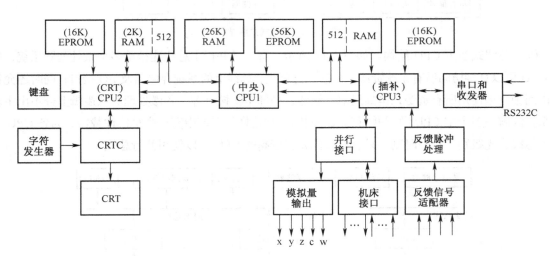

图2-13　共享存储器多CPU数控系统框图

2.3.2　CNC 系统结构

1. 大板式结构的 CNC 系统

图 2-14 所示为大板式结构的数控系统框图。图中主电路板上有控制核心电路、位置控制电路、3 个轴的位置反馈量输入接口和速度控制量输出接口、手摇脉冲发生器接口、I/O 扩展板接口和 6 个小印制电路板的插槽。控制核心电路为微机基本系统，由 CPU、存储器、定时和中断控制电路组成。存储器包括 ROM 和 RAM，ROM（EPROM）用于固化数控系统软件，RAM 用于存储可变数据、数控加工程序和系统参数等，可变数据的存储区域应具有掉电保护功能。6 个插槽内可分别插入用于保存加工程序的存储器板、附加轴控制板、显示器控制和 I/O 接口、扩展存储器板、可编程序控制板及传感器控制板等。

2. 模块式结构的数控系统

在采用功能模式结构的 CNC 装置中，将整个 CNC 装置按功能划分为模块，硬件和软件的设计都采用模块化设计方法。每一个功能模块被做成尺寸相同的印制电路板（称功能模板），相应功能模块的控制软件也模块化。这种形式的 CNC 系统系列产品，用户只要按需要选用各种控制单元模板及所需功能模板，将各功能模板插入控制单元模板的槽内，就搭成了自己需要的 CNC 系统控制装置。常见的功能模板有 CNC 控制板、位置控制板、PLC 板、图形板和通信板等。例如，一种功能模块式结构的全功能型车床数控系统框图如图 2-15 所示，系统由 CPU 板、扩展存储器板、显示控制板、手轮接口板、键盘和录音机板、强电输出板、伺服接口板和 3 块轴反馈板共 11 个模块组成，连接各模块的总线可按需选用各种工业标准总线，如工业 PC 总线、STD 总线等。FANUC 系统 15 系列就采用了功能模块化结构。

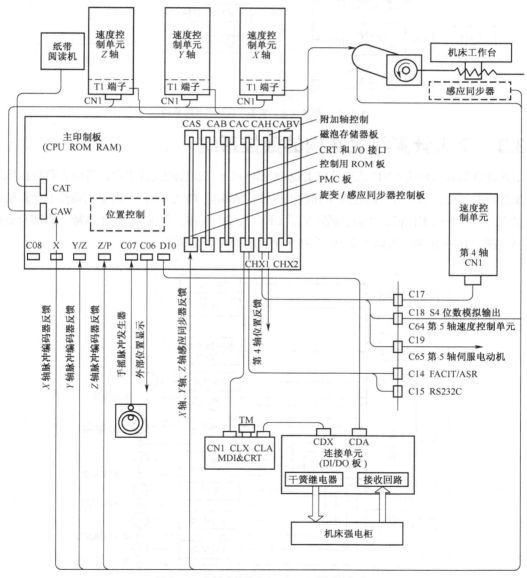

图2-14　大板式结构FANUC 6MB的系统框图

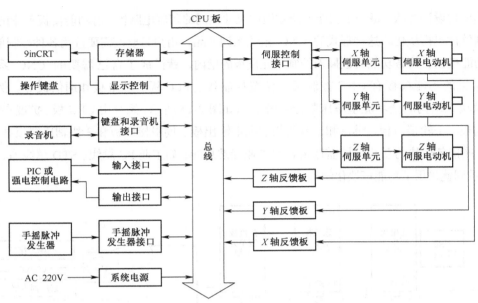

图2-15　模块化全功能型车床数控系统框图

2.3.3　个人计算机式结构的数控系统

个人计算机式结构的 CNC 系统是以工业 PC 作为 CNC 装置的支撑平台，再由各数控机床制造厂根据数控的需要，插入自己的控制卡和数控软件构成相应 CNC 装置。由于工业标准计算机的生产数量大，其生产成本很低，从而也就降低了 CNC 系统的成本。若工业 PC 出故障，修理及更换均很容易。图 2-16 所示为一种以工业 PC 为技术平台的数控系统框图。

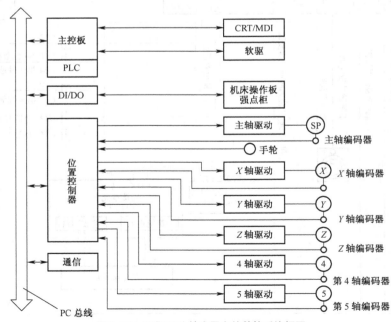

图2-16　工业PC为技术平台的数控系统框图

2.3.4　NC 嵌入 PC 式结构的数控系统

　　NC 嵌入 PC 式结构是由开放体系结构运动控制卡 + PC 构成。这种运动控制卡通常选用高速 DSP 作为 CPU，具有很强的运动控制和 PLC 控制能力。它本身就是一个数控系统，可以单独使用。它开放的函数库供用户在 Windows 平台下自行开发构造所需的控制系统，因而这种结构被广泛应用于制造业自动化控制的各个领域。

2.3.5　软件型开放式结构的数控系统

　　软件型开放式结构的数控系统是一种最新开放体系结构的数控系统。它提供给用户最大的选择和灵活性，它的 CNC 软件全部装在计算机中，而硬件部分仅是计算机与伺服驱动和外部 I/O 之间的标准化通用接口。就像计算机中可以安装各种品牌的声卡、CD-ROM 和相应的驱动程序一样，用户可以在 Windows NT 平台上，利用开放的 CNC 内核，开发所需的各种功能，构成各种类型的高性能数控系统。与前几种数控系统相比，软件型开放式结构的数控系统具有最高的性能价格比，因而最有生命力。其典型产品有美国 MDSI 公司的 Open CNC、德国 Power Automation 公司的 PA8000 NT 等。

2.4　CNC 系统的软件结构

2.4.1　CNC 系统的软硬件界面

　　计算机数控系统是由软件和硬件组成的。硬件为软件运行提供了支撑环境。软件结构取决于 CNC 系统中的软件和硬件的分工，也取决于软件本身的工作性质。在信息处理方面，软件和硬件在逻辑上是等价的，有些由硬件能完成的工作原则上也能由软件完成。但是硬件和软件有不同的特点，硬件处理速度快，但造价高，线路复杂，故障率也高；软件灵活，适应性强，但处理速度慢。因此在 CNC 系统中，软、硬件的分工是由性能价格比决定的。

　　早期的 NC 装置中，数控系统的全部信息处理功能基本上都是由硬件完成。随着微机技术的发展，微机成为数控系统的主角，由软件完成的数控工作在逐渐增加。随着功能要求的不同，不同产品的软硬件界面是不一样的，图 2-17 所示为 4 种典型 CNC 系统的软硬件界面。

2.4.2　CNC 系统 2 种典型的软件结构

　　CNC 系统软件是为实现 CNC 系统各项功能而编制的专用软件，又称为系统软件，分管理软件和控制软件 2 大部分。管理软件由输入程序、I/O 处理程序、显示程序和诊断程序等组成，控制软件由译码程序、刀具补偿计算程序、速度控制程序、插补运算程序和位置控制程序等组成，如图2-18所示。

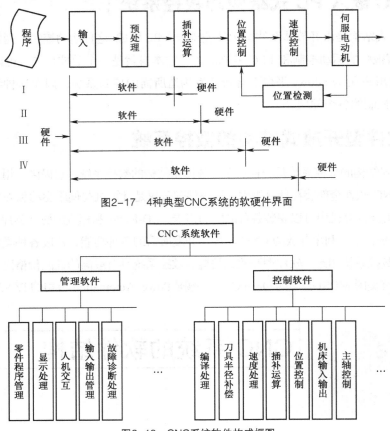

图2-17 4种典型CNC系统的软硬件界面

图2-18 CNC系统软件构成框图

CNC系统是一个专用的实时多任务并行系统，计算机在同一时刻或同一时间间隔内完成2种或2种以上性质相同或不相同的工作。CNC系统通常作为一个独立的过程控制单元用于工业自动化生产中，因此，它的系统软件包括前台和后台2大部分。后台部分包括通信、显示、诊断以及加工程序的编制管理等程序，这类程序实时性要求不高。前台程序主要包括译码、刀具补偿、速度处理、插补、位置控制、开关量控制等软件，这类程序完成实时性很强的控制任务。

数控的基本功能由上面这些功能子程序实现。这是任何一个计算机数控系统所必须具备的，功能增加，子程序就增加。不同的系统软件结构中对这些子程序的安排方式不同，管理方式也不同。在单微处理器数控系统中，常采用前后台型的软件结构和中断型的软件结构。在多微处理器数控系统中，将各微处理器作为一个功能单元，将硬件和软件封装在一个模块中，各个CPU分别承担一定的任务，它们之间的通信依靠共享总线和共享存储器进行协调。在系统较多时，也可采用相互通信的方法。无论何种类型的结构，CNC系统的软件结构都具有多任务并行处理和多重实时中断的特点。

1. 前后台型软件结构

对于前后台型软件结构，其软件可划分为2类：一类是与机床控制直接相关的实时控制部分，其构成了前台程序。前台程序又称实时中断服务程序，它是在一定周期内定时发生的，中断周期一般小于 10 ms；另一类是循环执行的主程序，称为后台程序，又称背景程序。

在背景程序循环运行的过程中，前台的实时中断服务程序不断定时插入，两者密切配合，共同完成零件加工任务。如图 2-19 所示，程序一经启动，经过一段初始化程序后便进入背景程序循环。同时开放定时中断，每隔一定时间间隔发生一次中断，执行一次实时中断服务程序，执行完毕后返回背景程序，如此循环往复，共同完成数控的全部功能。这种前后台型软件结构一般适合单微处理器集中控制，对微处理器性能要求比较高。

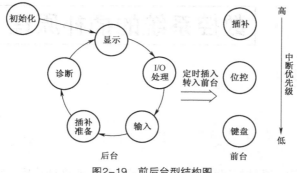

图2-19　前后台型结构图

在前后台型软件结构中，后台程序完成协调管理、数据译码、预计算数据以及显示坐标等无实时性要求的任务，其结构如图 2-20 所示。而前台程序完成机床监控、操作面板状态扫描、插补计算、位置控制以及 PLC 可编程控制器功能等实时控制，其流程如图 2-21 所示。前后台软件的同步与协调以及前后台软件中各功能模块之间的同步，通过设置各种标志位来进行。由于每次中断发生，前台程序响应的途径不同，因此执行时间也不同，但最大执行时间必须小于中断周期，而 2 次中断之间的时间正是用来执行背景主程序的。

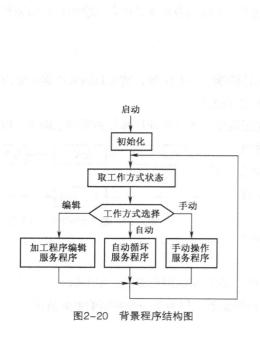

图2-20　背景程序结构图

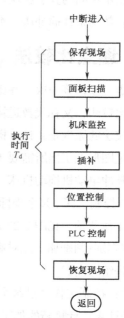

图2-21　实时中断服务程序流程图

2. 中断型软件结构

中断型结构的系统软件除初始化程序之外，将 CNC 装置的各种功能模块分别安排在不同级别的中断服务程序中，无前后台程序之分。但中断程序的优先级别有所不同，级别高的中断程序可以打断级别低的中断程序。系统软件本身就是一个大的多重中断系统，通过各级中断服务程序之间的通信来进行处理。

2.5　数控系统的插补原理

2.5.1　概述

由 CNC 控制过程可知，零件程序经过译码、刀补计算和速度计算后，紧接着就是插补和位控，其中插补是数控系统的主要任务之一，控制刀具与工件的相对运动，使刀具走出预定的轨迹。一般情况是已知运动轨迹的起点坐标、终点坐标和轨迹的曲线方程，由数控系统实时地算出各个中间点的坐标。即通过数控系统的计算"插入""补上"运动轨迹各个中间点的坐标，通常把这个过程称为"插补"。插补的结果是输出运动轨迹的中间点坐标值，机床伺服系统根据此坐标值控制各坐标轴协调运动，走出预定轨迹。

插补可以用不同的算法实现。根据基本原理和计算方法的不同，常用的插补算法有逐点比较法、数字积分法和数据采样插补法。本章重点介绍逐点比较法的原理及用它描绘出插补的完整过程。

2.5.2　逐点比较法

刀具每走一步计算一次，并比较刀具与工件轮廓的相对位置，使刀具向减小误差的方向进给，故称为逐点比较法，又称代数运算法，或醉步式近似法。

逐点比较法的原理是：计算机在控制加工过程中，能逐点地计算和判别加工偏差，以控制坐标进给，按规定图形加工出所需要工件，用步进电动机或电液脉冲电动机拖动机床，其进给是步进式的，插补器控制机床（某个坐标），每走一步都要完成 4 个工作节拍（见图 2-22）。

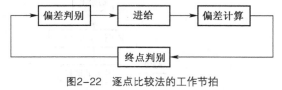

图2-22　逐点比较法的工作节拍

① 偏差判别：判别加工点对规定图形的偏离位置，决定进给方向。

② 进给：控制工作台沿某个坐标进给一步，向规定的图形靠拢，缩小偏差。

③ 偏差计算：计算新的加工点对规定图形的偏差，作为下一步判别偏差的依据。

④ 终点判别：判别是否到达终点，若到达终点，发出插补完成信号；若未到达终点，返回到第1拍，继续循环过程。

1. 逐点比较法直线插补

设加工的轨迹为第 1 象限中的一条直线 OE，起点坐标为 O（0，0），终点坐标为 $E（x_e，y_e）$，如图 2-23 所示。

（1）偏差判别

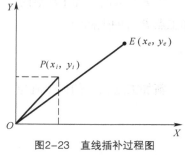

图2-23　直线插补过程图

设刀具瞬时坐标点为 $P（x_i，y_i）$，直线 OE 的斜率是 $\dfrac{y_e}{x_e}$，而直线 OP 的斜率为 $\dfrac{y_i}{x_i}$，P 位置可能有下述 3 种情况。

若点 $P（x_i，y_i）$ 在直线 OE 上，那么下述关系成立：

$$\frac{y_i}{x_i} = \frac{y_e}{x_e}，\text{可改写为 } x_e y_i - x_i y_e = 0$$

若点 $P（x_i，y_i）$ 在直线 OE 的上方，那么下述关系成立：

$$\frac{y_i}{x_i} > \frac{y_e}{x_e}，\text{可改写为 } x_e y_i - x_i y_e > 0$$

若点 $P（x_i，y_i）$ 在直线 OE 的下方，那么下述关系成立：

$$\frac{y_i}{x_i} < \frac{y_e}{x_e}，\text{可改写为 } x_e y_i - x_i y_e < 0$$

由此可以取偏差判别函数 F 为

$$F = x_e y_i - x_i y_e$$

由 F 的数值（称为"偏差"）就可以判别出点 P 与直线的相对位置，即

当 $F = 0$ 时，点 $P(x_i, y_i)$ 在直线上；

当 $F > 0$ 时，点 $P(x_i, y_i)$ 在直线的上方；

当 $F < 0$ 时，点 $P(x_i, y_i)$ 在直线的下方。

（2）进给

插补总是使刀具向减少偏差的方向进给，从而减小插补的误差。规定进给方向如下：

当 $F = 0$ 时，点 P 在直线 OE 上，规定刀具向 $+X$ 方向前进一步；

当 $F > 0$ 时，点 P 在直线 OE 上方，控制刀具向 $+X$ 方向前进一步；

当 $F < 0$ 时，点 P 在直线 OE 下方，控制刀具向 $+Y$ 方向前进一步。

（3）偏差计算

刀具每走一步后，将新的坐标值代入函数式 $F = x_e y_i - x_i y_e$，求出新的 F 值，以确定下一步进给方向，计算出进给后的新偏差，作为下一个偏差判别的依据。

用公式 $F = x_e y_i - x_i y_e$ 计算偏差时，要作 2 次乘法和 1 次减法，插补速度很慢，这对于计算过程以及具体电路实现起来都不方便；对于计算机而言，这样会影响速度；对于专用控制机而言，会增加硬件设备，因此应简化运算，通常采用的是迭代法，或称递推法，即每走一步后，新加工点的加

工偏差值用前一点的加工偏差递推出来。

当 $F \geqslant 0$ 时，加工动点向 $+X$ 方向进给一步，即加工动点由 P_i 沿 $+X$ 方向移动到 P_{i+1}，因此新加工点 P_{i+1} 的坐标为

$$\begin{cases} x_{i+1} = x_i + 1 \\ y_{i+1} = y_i \end{cases}$$

新加工点 P_{i+1} 的偏差值为

$$\begin{aligned} F_{i+1} &= x_e y_{i+1} - x_{i+1} y_e \\ &= x_e y_i - (x_i + 1) y_e \\ &= x_e y_i - x_i y_e - y_e \\ &= F_i - y_e \end{aligned}$$

当 $F < 0$ 时，加工动点向 $+Y$ 方向进给一步，即加工动点由 P_i 沿 $+Y$ 方向移动到 P_{i+1}，因此新加工点 P_{i+1} 的坐标为

$$\begin{cases} x_{i+1} = x_i \\ y_{i+1} = y_i + 1 \end{cases}$$

新加工点 P_{i+1} 的偏差值为

$$\begin{aligned} F_{i+1} &= x_e y_{i+1} - x_{i+1} y_e \\ &= x_e (y_i + 1) - x_i y_e \\ &= x_e y_i - x_i y_e + x_e \\ &= F_i + x_e \end{aligned}$$

（4）终点判断

最常用的终点判断方法是设置一个长度计数器，因为从直线的起点 O 移到终点 E，刀具沿 X 轴应走的步数为 X_e，沿 Y 轴应走的步数为 Y_e，所以计数长度应为 2 个方向进给步数之和，即

$$N = X_e + Y_e$$

无论 X 轴还是 Y 轴，每送出一个进给脉冲，计数长度减 1，当计数长度减到零时，表示到达终点，插补结束。

例 2-1　加工直线如图 2-24 所示，直线的起点坐标为 O（0，0），终点坐标为 E（6，4）。试用逐点比较法对该段直线进行插补，并画出插补轨迹。

解：因插补起点与原点重合，此时的偏差值

$$F_0 = 0$$

计数长度

$$N = X_e + Y_e = 6 + 4 = 10$$

插补的运算过程如表 2-1 所示，表中第 1 栏是插补时钟发出的脉冲个数。

表 2-1　逐点比较法直线插补运算举例

序号	工作节拍			
	第1拍：偏差判别	第2拍：坐标进给	第3拍：偏差计算	第4拍：终点判别
1	$F_0 = 0$	$+X$	$F_1 = F_0 - y_e = 0 - 4 = -4$	$N = 10 - 1 = 9$

续表

序号	工作节拍			
	第1拍：偏差判别	第2拍：坐标进给	第3拍：偏差计算	第4拍：终点判别
2	$F_1 = -4 < 0$	$+Y$	$F_2 = F_1 + x_e = -4 + 6 = 2$	$N = 9 - 1 = 8$
3	$F_2 = 2 > 0$	$+X$	$F_3 = F_2 - y_e = 2 - 4 = -2$	$N = 8 - 1 = 7$
4	$F_3 = -2 < 0$	$+Y$	$F_4 = F_3 + x_e = -2 + 6 = 4$	$N = 7 - 1 = 6$
5	$F_4 = 4 > 0$	$+X$	$F_5 = F_4 - y_e = 4 - 4 = 0$	$N = 6 - 1 = 5$
6	$F_5 = 0$	$+X$	$F_6 = F_5 - y_e = 0 - 4 = -4$	$N = 5 - 1 = 4$
7	$F_6 = -4 < 0$	$+Y$	$F_7 = F_6 + x_e = -4 + 6 = 2$	$N = 4 - 1 = 3$
8	$F_7 = 2 > 0$	$+X$	$F_8 = F_7 - y_e = 2 - 4 = -2$	$N = 3 - 1 = 2$
9	$F_8 = -2 < 0$	$+Y$	$F_9 = F_8 + x_e = -2 + 6 = 4$	$N = 2 - 1 = 1$
10	$F_9 = 4 > 0$	$+X$	$F_{10} = F_9 - y_e = 4 - 4 = 0$	$N = 1 - 1 = 0$

逐点比较法插补第 1 象限直线计算流程图见图 2-25。

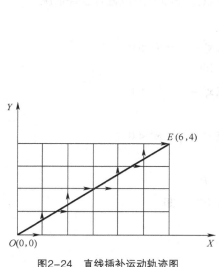

图2-24　直线插补运动轨迹图

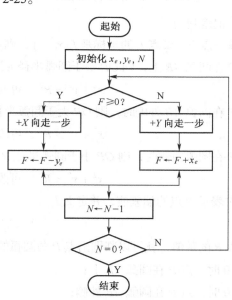

图2-25　直线插补计算流程图

（5）其他象限的直线插补

上面讨论的是第 1 象限的直线插补，其他象限的直线插补方法和第 1 象限的插补方法类似，插补运算时，取$|X|$和$|Y|$代替 X、Y。进给方向规定如下：在第 2 象限，当 $F \geqslant 0$ 时，向 $-X$ 方向步进；当 $F < 0$ 时，向 $+Y$ 方向步进；在第 3 象限，当 $F \geqslant 0$ 时，向 $-X$ 方向步进；当 $F < 0$ 时，向 $-Y$ 方向步进；在第 4 象限，当 $F \geqslant 0$ 时，向 $+X$ 方向步进；当 $F < 0$ 时，向 $-Y$ 方向步进。4 个象限的步进方向如图 2-26 所示。由图中看出，$F \geqslant 0$ 时，进给都是沿 X 轴方向步进，不管 $+X$ 方向还是 $-X$ 方向，都是 X 的绝对值$|X|$增大方向。究竟是走 X 轴的正向还是反向，可由象限标志控制，第 1、第 4 象限走 $+X$，第 2、第 3 象限走 $-X$。同样，$F < 0$ 时，进给总是沿 Y 方向，不管 $+Y$ 方向还是 $-Y$ 方向，都是 Y 的绝对值$|Y|$增大方向。第 1、第 2 象限走 $+Y$ 方向，第 3、第 4 象限走 $-Y$ 方向。

2. 逐点比较法圆弧插补

圆弧曲线加工时分逆圆弧插补（G03）和顺圆弧插补（G02）。图 2-27 是表示插补第 1 象限逆圆弧的简图，图中以圆弧圆心为坐标原点，给出圆弧的起点坐标 $A(x_0, y_0)$ 和终点坐标 $B(x_e, y_e)$，已知圆弧的半径为 R。

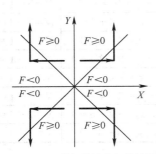

图2-26　F 值与进给方向的关系

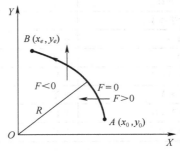

图2-27　第1象限逆圆插补图

（1）偏差判别

任取一点 P，设点 P 的坐标是 $P(x_i, y_i)$，则点 P 相对圆弧 AB 的位置有 3 种情况。

点 P 在圆弧 AB 上，则 OP 等于圆弧半径 R，即

$$x_i^2 + y_i^2 = R^2，可改写成 x_i^2 + y_i^2 - R^2 = 0$$

点 P 在圆弧 AB 外侧时，则 OP 大于圆弧半径 R，即

$$x_i^2 + y_i^2 > R^2，可改写成 x_i^2 + y_i^2 - R^2 > 0$$

点 P 在圆弧内侧时，则 OP 小于圆弧半径 R，即

$$x_i^2 + y_i^2 < R^2，可改写成 x_i^2 + y_i^2 - R^2 < 0$$

用 F 表示 P 点的偏差值，并定义为

$$F = x_i^2 + y_i^2 - R^2$$

则由 F 的数值，就可以判别出点 P 与圆弧的相对位置，即

$F = 0$ 时，点 P 在圆弧 AB 上；

$F > 0$ 时，点 P 在圆弧 AB 外侧；

$F < 0$ 时，点 P 在圆弧 AB 内侧。

（2）进给

插补总是使刀具向减少偏差的方向进给，从而减小插补的误差。规定进给方向如下：

当 $F = 0$ 时，规定刀具向 $-X$ 方向前进一步；

当 $F > 0$ 时，控制刀具向 $-X$ 方向前进一步；

当 $F < 0$ 时，控制刀具向 $+Y$ 方向前进一步。

（3）偏差计算

刀具每走一步后，将刀具新的坐标值代入 $F = x_i^2 + y_i^2 - R^2$ 中，求出新的 F 值，以确定下一步进给方向。

因为采用公式 $F = x_i^2 + y_i^2 - R^2$ 计算偏差值时，要进行 3 次乘方的计算，比较费时，实际计算

作如下变换。

当 $F_i \geq 0$ 时，沿 $-X$ 方向前进一步，到达点 P_{i+1}，新加工点 P_{i+1} 的坐标为

$$\begin{cases} x_{i+1} = x_i - 1 \\ y_{i+1} = y_i \end{cases}$$

新加工点 P_{i+1} 的偏差值为

$$\begin{aligned} F_{i+1} &= x_{i+1}^2 + y_i^2 - R^2 \\ &= (x_i - 1)^2 + y_i^2 - R^2 \\ &= x_i^2 - 2x_i + 1 + y_i^2 - R^2 \\ &= (x_i^2 + y_i^2 - R^2) - 2x_i + 1 \\ &= F_i - 2x_i + 1 \end{aligned}$$

当 $F_i < 0$ 时，沿 $+Y$ 方向前进一步，到达 P_{i+1} 点，新加工点 P_{i+1} 的坐标为

$$\begin{cases} x_{i+1} = x_i \\ y_{i+1} = y_i + 1 \end{cases}$$

新加工点 P_{i+1} 的偏差值为

$$\begin{aligned} F_{i+1} &= x_{i+1}^2 + y_i^2 - R^2 \\ &= x_i^2 + (y_i + 1)^2 - R^2 \\ &= x_i^2 + y_i^2 + 2y + 1 - R^2 \\ &= (x_i^2 + y_i^2 - R^2) + 2y_i + 1 \\ &= F_i + 2y_i + 1 \end{aligned}$$

上面导出了第 1 象限逆圆弧插补的偏差值递推计算公式。与偏差值直接计算式 $F = x_i^2 + y_i^2 - R^2$ 相比，递推计算只进行加、减法运算（乘 2 运算可采用 2 次加法实现），避免了乘方运算，计算机容易实现。

（4）终点判别

与直线插补的终点判别一样，设置一个长度计数器，取 X、Y 坐标轴方向上的总步数作为计数长度值，即

$$N = |x_0 - x_0| + |y_e - y_0|$$

无论 X 轴还是 Y 轴，每进一步，计数器减 1，当长度计数器减到零时，插补结束。

例 2-2　加工直线如图 2-28 所示，欲加工第 1 象限逆时针走向的圆弧 AB，起点坐标为 $A(4,0)$，终点坐标为 $B(0,4)$。试用逐点比较法对该段圆弧进行插补，并画出插补轨迹。

解： 因从起点 $A(4,0)$ 开始插补，故初始插补的偏差值为

$$F_0 = 0$$

计数长度为 $\quad N = |x_0 - x_e| + |y_e - y_0| = |4 - 0| + |4 - 0| = 8$

加工过程的运算节拍见表 2-2，插补后获得的实际轨迹如图 2-28 所示折线。

表 2-2　　　　　　　　　　逐点比较法圆弧插补运算举例

序号	工作节拍			
	偏差判别	坐标进给	偏差计算	终点判别
1	$F_0 = 0$	$-X$	$F_1 = F_0 - 2x_0 + 1 = 0 - 2 \times 4 + 1 = -7$，$x_1 = 4 - 1 = 3$，$y_1 = 0$	$N = 8 - 1 = 7$

续表

序号	工作节拍			
	偏差判别	坐标进给	偏差计算	终点判别
2	$F_1 = -7 < 0$	$+Y$	$F_2 = F_1 + 2y_1 + 1 = -7 + 2 \times 0 + 1 = -6$, $x_2 = 3$, $y_2 = 1$	$N = 7 - 1 = 6$
3	$F_2 = -6 < 0$	$+Y$	$F_3 = F_2 + 2y_2 + 1 = -3$, $x_3 = 3$, $y_3 = 2$	$N = 6 - 1 = 5$
4	$F_3 = -3 < 0$	$+Y$	$F_4 = F_3 + 2y_3 + 1 = 2$, $x_4 = 3$, $y_4 = 3$	$N = 5 - 1 = 4$
5	$F_4 = 2 > 0$	$-X$	$F_5 = F_4 - 2x_4 + 1 = -3$, $x_5 = 2$, $y_5 = 3$	$N = 4 - 1 = 3$
6	$F_5 = -3 < 0$	$+Y$	$F_6 = F_5 + 2y_5 + 1 = 4$, $x_6 = 2$, $y_6 = 4$	$N = 3 - 1 = 2$
7	$F_6 = 4 > 0$	$-X$	$F_7 = F_6 - 2x_6 + 1 = 1$, $x_7 = 1$, $y_7 = 4$	$N = 2 - 1 = 1$
8	$F_7 = 1 > 0$	$-X$	$F_8 = F_7 - 2x_7 + 1 = 0$, $x_8 = 0$, $y_8 = 4$	$N = 1 - 1 = 0$

逐点比较法插补第1象限逆圆弧的计算流程图见图2-29。

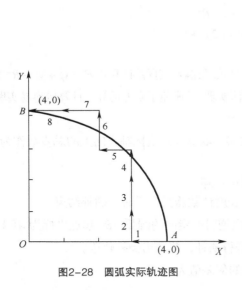

图2-28　圆弧实际轨迹图

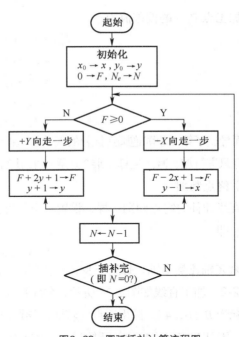

图2-29　圆弧插补计算流程图

（5）其他象限的圆弧插补

圆弧所在象限不同，顺逆不同，则插补计算公式和进给方向也不同。归纳起来共有8种情况，用 SR_1、SR_2、SR_3、SR_4 代表第1、第2、第3、第4象限的顺圆弧，NR_1、NR_2、NR_3、NR_4 代表第1、第2、第3、第4象限的逆圆弧，这8种形式可归纳为2组。

NR_1、NR_2、NR_3、NR_4 4圆弧为一组，其共同特点是，$F \geqslant 0$ 时，向 X 方向进给；$F < 0$ 时，向 Y 方向进给。偏差计算与第1象限逆圆弧相同，只是 X、Y 值都取绝对值。这组圆弧的偏差计算和进给方向见表2-3。

表 2-3　　　　　　　　　NR₁、NR₂、NR₃、NR₄ 4 圆弧插补方法

偏差计算		$F \geqslant 0$	$F < 0$
进给方向	NR₁	$-X$	$+Y$
	NR₂	$+X$	$-Y$
	NR₃	$+X$	$+Y$
	NR₄	$-X$	$-Y$
偏差计算		$F_{i+1} = F_i - 2\|x\| + 1$, $x_{i+1} = \|x\| - 1$，$y_{i+1} = y_i$	$F_{i+1} = F_i + 2\|y\| + 1$ $x_{i+1} = x_i$，$y_{i+1} = \|y\| + 1$

SR₁、SR₂、SR₃、SR₄ 4 圆弧为一组，其共同特点是，$F \geqslant 0$ 时，向 Y 方向进给；$F < 0$ 时，向 X 方向进给。偏差计算与第 1 象限顺圆相同，只是 X、Y 值都取绝对值。这组圆弧的偏差计算和进给方向见表 2-4。

圆弧插补在 4 个象限进给方向如图 2-30 所示。

表 2-4　　　　　　　　　SR₁、SR₂、SR₃、SR₄ 4 圆弧插补方法

偏差计算		$F \geqslant 0$	$F < 0$
进给方向	SR₁	$-Y$	$+X$
	SR₂	$+Y$	$-X$
	SR₃	$+Y$	$-X$
	SR₄	$-Y$	$+X$
偏差计算		$F_{i+1} = F_i - 2\|y\| + 1$, $x_{i+1} = x_i$，$y_{i+1} = \|y\| - 1$	$F_{i+1} = F_i + 2\|x\| + 1$ $x_{i+1} = \|x\| + 1$，$y_{i+1} = y_i$

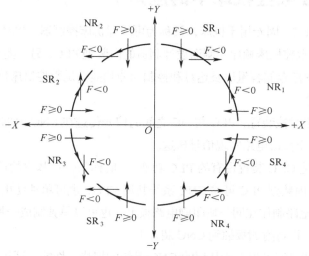

图2-30　圆弧插补的进给方向

辅助功能与 PLC

可编程控制器是一种用于工业环境，可存储和执行逻辑运算、顺序控制、定时、计数和算术运算等特定功能的用户指令，并能通过数字式或模拟式的输入和输出控制各种类型的机械或生产过程的可编程数字控制系统。可编程控制器是在继电器控制和计算机控制技术的基础上发展起来的一种新型工业自动控制装置，早期的可编程控制器在功能上只能实现简单的逻辑控制，称为可编程逻辑控制器（Programmable Logic Controller，PLC）。随着电子技术和计算机技术的发展，可编程控制器除实现逻辑控制外，还可实现模拟量、运动和过程的控制及数据处理等。1980 年，美国电气制造协会将它正式命名为可编程控制器（Programmable Controller，PC）。为了避免与个人计算机的简称 PC（Personal Computer）相混淆，习惯上可编程控制器还是缩写为 PLC。

可编程控制器具有响应快、性能可靠、易于使用、编程和修改方便和可直接启动机床开关等优点，现已广泛用作数控机床的辅助控制装置。

辅助控制装置是保证充分发挥数控机床功能所必需的配套装置。辅助控制装置的主要作用是接收数控装置输出的开关量指令信号，经过编译、逻辑判断和动作，再经过功率放大后驱动相应的电器，带动机床的机械、液压、气动等辅助装置完成指令规定的开关量动作。这些控制包括机床主轴运动部件的变速、换向、启动和停止指令，刀具的选择、交换指令，冷却液的开和停，润滑装置的启动和停止，工件和机床部件的松开、夹紧，分度工作台转位分度等辅助动作及防护、照明等各种辅助装置。

2.6.1　PLC 在数控机床中的应用

数控机床上用的 PLC，因专用于机床，又称为可编程机床控制器（PMC）。数控机床用 PLC 可分为 2 类，一类是专为数控机床顺序控制而设计制造的内装型 PLC，另一类是输入/输出信号接口规范、输入/输出点数、程序存储容量以及运算和控制功能均能满足数控机床控制要求的独立型 PLC。

1. 内装型 PLC

内装型 PLC 从属于数控装置，PLC 与 NC 之间的信号传送在 CNC 内部即可实现。PLC 与机床之间通过 CNC 输入/输出接口电路实现信号传送。

内装型 PLC 实际是 CNC 装置带有的 PLC 功能，一般作为一种基本的或可选功能提供给用户。在系统的具体结构上，内装型 PLC 可与 CNC 系统共用 CPU，也可单独使用一个 CPU；硬件控制电路可与 CNC 系统其他电路制作在同一块印刷电路板上，也可以单独制成一块附加板，当 CNC 装置需要附加 PLC 功能时，再将附加板插到 CNC 装置上。

内装型 PLC 的性能指标可根据所从属的 CNC 系统的规格、性能、适用的机床类型而确定。其系统结构紧凑，功能针对性强，技术指标合理、实用，特别适用于单机数控设备。

2. 独立型 PLC

独立型 PLC 又称通用型 PLC，其 PLC 独立于 CNC 装置，具有完备的硬件和软件功能，能够独立完成规定的控制任务。

独立型 PLC 结构框图如图 2-31 所示，具有 CPU 及控制电路、系统程序存储器、用户程序存储器、输入/输出接口，与外设通信的接口和电源等。独立型 PLC 一般采用积木式模块结构或插板式结构，各功能模块相互独立，安装方便，功能易于扩展和变更。

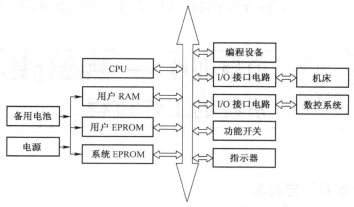

图2-31　独立型PLC结构框图

2.6.2　M、S、T 功能的实现

可编程控制器在数控机床上主要完成 M、S、T 功能，即除了主运动以外的辅助功能。

1. 主轴 S 功能

主轴 S 功能通常能够实现主轴的转速控制。通常用 S 加 2 位或 4 位代码指定主轴转速。CNC 装置送出 S 代码（如两位代码）进入 PLC，经过电平转换（独立型 PLC）、译码、数据转换、限位控制和 D/A 变换，最后输给主轴电动机伺服系统。D/A 转换功能可安排在 CNC 单元中，也可由 CNC 和 PLC 单独实现，或两者配合实现。S 功能的处理过程如图 2-32 所示。

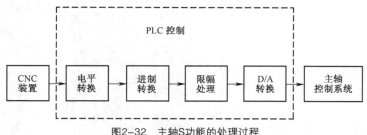

图2-32　主轴S功能的处理过程

为了提高主轴转速的稳定性、增大转矩、调整转速范围，还可增加 1～2 级机械变换挡，通过 PLC 的 M 代码功能实现。

2. 刀具 T 功能

PLC 控制给加工中心自动换刀的管理带来了很大的方便。自动换刀控制方式有固定存取换刀方式和随机存取换刀方式，它们分别采用刀套编码制和刀具编码制。对于刀套编码的 T 功能处理过程是：CNC 装置送出 T 代码指令给 PLC，PLC 经过译码，在数据表内检索，找到 T 代码指定的新刀号所在的数据表的表地址，并与现行刀号进行判别比较，如不符合，则将刀库回转指令发送给刀库控制系统，直到刀库定位到新刀号位置时，刀库停止回转，并准备换刀。

3. 辅助 M 功能

PLC 完成的 M 功能是很广泛的。根据不同的 M 代码，可控制主轴的正反转及停止，主轴齿轮箱的变速，冷却液的开、关，卡盘的夹紧和松开，以及自动换刀装置机械手取刀、归刀等运动。

2.7 项目训练——熟悉计算机数控系统的工作过程

1. 项目训练的目的与要求

（1）熟悉典型数控系统的主要部件。

（2）熟悉典型数控系统的部件连接。

（3）掌握典型数控系统的主要工作过程。

2. 项目训练的仪器与设备

配备 FANUC 0i-TC 数控系统，SIEMENS 802C 数控系统的数控车床和数控铣床。

3. 项目训练的内容

（1）认识如图 2-33 所示的 FANUC 0i-TC 数控系统的主要部件。

图中：数控装置（背面）　　电源模块　　主轴模块　伺服模块　　机床 I/O 模块
正面：显示器、键盘

图2-33　FANUC 0i-TC数控系统的主要部件

（2）结合实际机床，了解如图 2-34 所示的数控系统的部件连接。

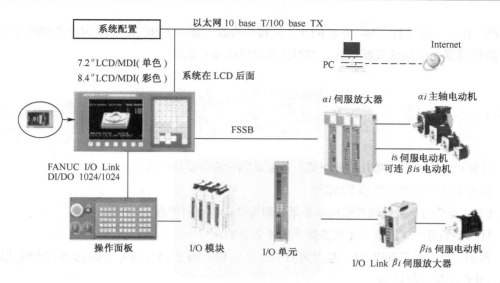

图2-34　数控系统的部件连接

（3）完成如图 2-35 所示的数控系统的主要工作过程。

4. 项目训练的报告

完成图 2-35 所示数控系统的主要工作过程。

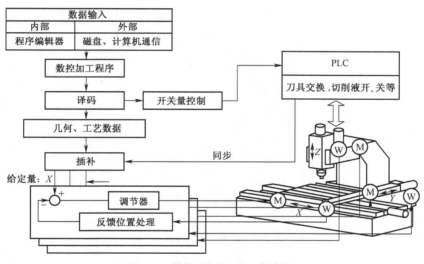

图2-35　数控系统的主要工作过程

5. 项目案例：数控系统的主要工作过程

本章介绍了 CNC 系统的工作过程和功能、CNC 系统的硬件结构和软件结构、以及数控系统的

插补原理。要求读者掌握 CNC 系统的工作过程和功能，理解 CNC 硬件结构中典型的 2 大结构——单微处理器和多微处理器结构，掌握逐点比较法插补原理。

1. 计算机数控系统由哪几部分组成？各组成部分的作用是什么？

2. 数控系统可实现哪些基本功能？

3. CNC 系统的单微处理器结构和多微处理器结构各有何特点？

4. 什么是插补？试述逐点比较法插补的 4 个节拍。

5. 若加工第 1 象限直线 OE，起点为 $O(0，0)$，终点为 $E(11，8)$，要求按逐点比较法进行插补计算，并作出插补轨迹图。

6. 利用逐点比较法插补圆弧 PQ，起点为 $P(8，0)$，终点为 $Q(0，8)$，试写出插补过程并作出插补轨迹图。

Chapter 3

第3章

| 数控机床的伺服系统 |

数控机床伺服系统是指以机床移动部件的位置和速度作为控制量的自动控制系统，又称随动系统。数控机床伺服系统主要有 2 种：一种是进给伺服系统，它控制机床各坐标轴的切削进给运动，以直线运动为主；另一种是主轴伺服系统，它控制主轴的切削运动，以旋转运动为主。在数控机床中，伺服系统是数控装置和机床的联系环节，它的作用是把来自数控装置中插补器的指令脉冲或计算机插补软件生成的指令脉冲，经变换和放大后，转换为机床移动部件的机械运动，并保证动作的快速和准确。数控机床的精度和速度等技术指标，常常主要取决于伺服系统。

3.1 认识伺服系统的工作过程

1. 认识伺服系统在数控机床控制中的作用

图 3-1 所示为数控机床的控制原理图。从图中可以看出，伺服系统是数控装置和机床的联系环节，而数控机床的精度和速度等技术指标，主要取决于伺服系统中的反馈检测装置。因此熟悉数控机床的伺服系统，对操作或维护数控机床、精确加工零件有直接的指导意义。

2. 认识伺服系统的机械结构

图 3-2、图 3-3 所示为去掉防护装置的数控车床，组成数控车床伺服系统的主要部件有主轴编码器、Z 轴编码器、X 轴编码器、交流伺服电动机和三相异步电动机等。

```
X5002
G0 G17 G40 G80 G90 G94 G98
G0 G28 G91 20.
T1 M6
G0 G54 G90 X-69.368 Y-170.79 C180. A75. S1527 M3
G43 N1 Z122.176
G1 Y-122.494 Z109.235 F300
G1 G93 Y-74.198 Z96.294
X69.368
Y-122.494 Z109.235
G0 Y-170.791 Z122.176
C-180.
G1 Y-170.791 Z122.176 F300
G0 X-138.132 Y-138.137 Z134.679 C 135.002 A69.24
X-105.072 Y-105.075 Z116.961
G1 X-72.012 Y-72.012 Z99.244 F300
C-135.
X-105.075 Y-105.072 Z116.961
…………
```

加工程序

伺服装置

机床本体

数控装置

FANUC Series o*i*

FANUC SERVO MOTOR SYSTEM

反馈检测装置

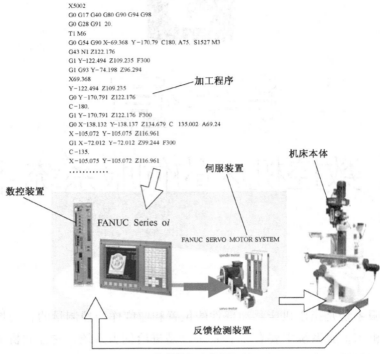

图3-1　数控机床控制原理图

主轴编码器

电动刀架专用电动机

Z轴编码器和交流伺服电动机

图3-2　数控车床光机正面

X轴编码器和交流伺服电动机

主轴编码器

三相异步电动机

图3-3　数控车床光机背面

伺服系统的组成及分类

3.2.1　伺服系统的组成

　　数控机床的伺服系统是由伺服电路、伺服驱动装置、机械传动机构及执行部件组成的。它的作用是：接受数控系统发出的进给速度和位移指令信号，由伺服驱动电路作一定的转换和功率放大后，经伺服驱动装置（步进电动机、直流伺服电动机、交流伺服电动机等）和机械传动机构，驱动机床的工作台、主轴头架等执行部件，实现工作进给和快速运动。CNC 装置是数控机床发布命令的"大脑"，而伺服系统则为数控机床的"四肢"，是一种执行机构，它能够准确地执行来自 CNC 装置的运动指令。

　　数控机床的伺服系统与一般机床的驱动系统有本质上的差别，它能根据指令信号精确地控制执行部件的运动速度与位置，以及几个执行部件按一定规律运动所合成的运动轨迹。

3.2.2　对伺服系统的要求

　　对伺服系统有如下的要求。

　　① 精度高。数控机床按预定的程序自动进行加工。因此，要加工出高精度、高质量的工件，伺服系统本身就应有高的精度，一般要达到 μm 级。

　　② 速度反应快。快速响应是伺服系统动态品质的标志之一。它要求其跟随指令信号的跟随误差小，而且要求响应快、稳定性好。即要求系统在给定输入后，或受外界干扰作用后，能在短时间内达到或恢复原来的稳定状态，一般是在 200 ms，甚至几十毫秒。

　　③ 调速范围大。由于刀具、工件材料以及加工要求各不相同，要保证数控机床在任何情况下都能得到最佳切削条件，伺服系统就必须有足够的调速范围，既能满足高速加工要求，又能满足低速进给要求。

　　④ 可靠性高。数控机床的开动率非常高，常常是 24 h 连续工作，因而要求其工作可靠。系统的可靠性常以发生故障的时间间隔长短的平均值为依据，即平均无故障时间，这个时间越长越好。

　　⑤ 低速时转矩大。数控机床常常是在低速时进行重切削，因此，要求进给伺服系统在低速时有大的转矩输出，以满足切削加工的要求。

3.2.3　伺服系统的分类

　　伺服系统包括伺服驱动装置和伺服驱动电路 2 大部分。伺服系统按其控制方式分为开环伺服系

统、闭环伺服系统和半闭环伺服系统；按使用的驱动装置可分为电液伺服系统和电气伺服系统；按使用的电动机可分为直流伺服系统和交流伺服系统；按反馈比较控制可分为脉冲数字比较伺服系统、相位比较伺服系统、幅值比较伺服系统及全数字伺服系统。以下主要介绍按控制方式的分类类型。

1. 开环伺服系统

开环伺服系统的驱动元件主要是步进电动机或电液马达，它不需要位置与速度检测元件，也没有反馈电路，只按照数控系统的指令脉冲进行工作，对执行的结果即移动部件的实际位移不进行检测和反馈，如图3-4所示。

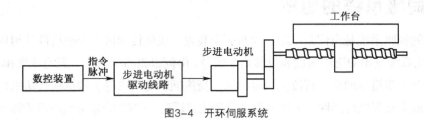

图3-4 开环伺服系统

该系统的特点是结构简单，调试、维修、使用都很方便，工作可靠，成本低廉，但其精度差，低速不平稳，高速扭矩小。因此一般用于轻载、负载变化不大或经济型数控机床上。

2. 闭环伺服系统

闭环伺服系统是误差控制随动系统，如图3-5所示，它主要由位置比较环节、伺服驱动放大器、伺服电动机、机械传动装置和位移检测装置组成。

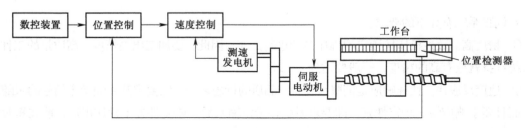

图3-5 闭环伺服系统

闭环伺服系统的工作原理是，当数控系统发出位移指令后，经过伺服电动机、机械传动装置驱动移动部件，直线位置检测装置把检测到的位移量反馈到位置比较环节，与输入信号进行比较，将误差补偿到控制指令中再去控制伺服电动机。

由图3-5可以看出，系统的精度在很大程度上取决于位置检测装置的精度，因此系统精度高。但是，由于机械传动装置的刚度、摩擦阻尼特性、反向间隙等非线性因素对稳定性有很大影响，造成闭环进给伺服系统的安装调试比较复杂。再者，直线位置检测装置的价格比较高，因此多用于高精度数控机床和大型数控机床上。

3. 半闭环伺服系统

它与闭环系统的区别是检测元件为角位移检测装置，两者的工作原理完全相同，将旋转型测量元件装在丝杠或伺服电动机的轴端部，通过检测丝杠或电动机的回转角，间接测出机床运动部件的位移，经反馈回路送回控制系统和伺服系统，并与控制指令值相比较。如果二者存在偏差，便将此差值信号进行放大，继续控制电动机带动移动部件向着减小偏差的方向移动，直至偏差为零。由于只对中间环节进行反馈控制，丝杠和螺母副部分还在控制环节之外，故称半闭环伺服控制。其控制原理如图 3-6 所示。

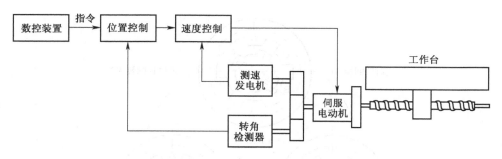

图3-6　半闭环伺服系统

由于丝杠的反向间隙和螺距误差等带来的机械传动部件的误差限制了位置精度，因此它比闭环系统的精度差；另一方面，由于数控机床移动部件、滚珠丝杠螺母副的刚度和间隙都在反馈控制环以外，其刚度、间隙等非线性因素对系统稳定性没有影响，调试方便，虽然与闭环系统相比精度偏低，但是对绝大多数应用场合，精度已经足够，因此应用非常广泛。

3.3　伺服电动机

3.3.1　步进电动机及其控制系统

步进电动机是一种将电脉冲信号转换成机械角位移的电磁机械装置，由于所用电源是脉冲电源，所以也称为脉冲马达。

步进电动机是一种特殊的电动机，一般电动机通电后连续旋转，而步进电动机则跟随输入脉冲按节拍一步一步地转动。对步进电动机施加一个电脉冲信号时，步进电动机就旋转一个固定的角度，称为一步，每一步所转过的角度叫作步距角。步进电动机的角位移量和输入脉冲的个数严格地成正比例，在时间上与输入脉冲同步。因此，只需控制输入脉冲的数量、频率及电动机绕组通电相序，便可获得所需的转角、转速及转动方向。在无脉冲输入时，在绕组电源激励下，气隙磁场能使转子保持原有位置而处于定位状态。

1. 步进电动机的工作原理

图 3-7 所示是三相反应式步进电动机工作原理图。步进电动机由转子和定子组成，定子上有 A、

B、C 3 对绕组磁极组，分别称为 A 相、B 相、C 相；转子是用硅钢片等软磁材料叠合成的带齿廓形状的铁心，这种步进电动机称为三相步进电动机。如果在定子的 3 对绕组中通直流电流，就会产生磁场。当 A、B、C 3 对磁极的绕组依次轮流通电，则 A、B、C 3 对磁极依次产生磁场吸引转子转动。

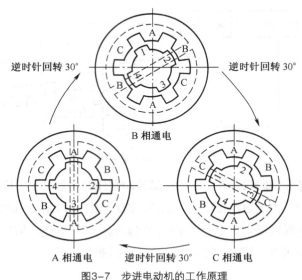

图3-7　步进电动机的工作原理

① 当 A 相通电，B 相和 C 相断电时，电动机铁心的 AA 轴方向产生磁通，在磁拉力的作用下，转子 1、3 齿与 A 相磁极对齐，2、4 齿与 B、C 两磁极相对错开 30°。

② 当 B 相通电，C 相和 A 相断电时，电动机铁心的 BB 轴方向产生磁通，在磁拉力的作用下，转子沿逆时针方向旋转 30°，2、4 齿与 B 相磁极对齐，1、3 齿与 C、A 两磁极相对错开 30°。

③ 当 C 相通电，A 相和 B 相断电时，电动机铁心的 CC 轴方向产生磁通，在磁拉力的作用下，转子沿逆时针方向又旋转 30°，1、3 齿与 C 相磁极对齐，2、4 齿与 A、B 两磁极相对错开 30°。

若按 A→B→C……通电相序连续通电，则步进电动机就连续地沿逆时针方向转动，每换接一次通电相序，步进电动机沿逆时针方向转过 30°，即步距角为 30°。如果步进电动机定子磁极通电相序按 A→C→B……进行，则转子沿顺时针方向旋转。上述通电方式称为三相单三拍通电方式。所谓"单"，是指每次只有一相绕组通电。从一相通电换接到另一相通电称为一拍，每一拍转子转动一个步距角，故所谓"三拍"是指通电换接 3 次后完成一个通电周期。

还有一种通电方式称为三相六拍通电方式，即按照 A→AB→B→BC→C→CA……相序通电，工作原理如图 3-8 所示。如果 A 相通电，1、3 齿与 A 相磁极对齐。当 A、B 两相同时通电时，因 A 极吸引 1、3 齿，B 极吸引 2、4 齿，转子逆时旋转 15°。随后 A 相断电，只有 B 相通电，转子又逆时旋转 15°，2、4 齿与 B 相磁极对齐。如果继续按 BC→C→CA→A……的相序通电，步进电动机就沿逆时针方向、以 15° 的步距角一步一步移动。这种通电方式采用单、双相轮流通电，在通电换接时，总有一相通电，所以工作比较平稳。

　　实际使用的步进电动机，一般都要求有较小的步距角，因为步距角越小，它所达到的位置精度越高。图 3-9 所示为步进电动机实例，图中转子上有 40 个齿，相邻 2 个齿的齿距角 360°/40 = 9°，3 对定子磁极均匀分布在圆周上，相邻磁极间的夹角为 60°，定子的每个磁极上有 5 个齿，相邻 2 个齿的齿距角也是 9°。因为相邻磁极夹角（60°）比 7 个齿的齿距角总和（9°×7 = 63°）小 3°，而且 120° 比 14 个齿的齿距角总和（9°×14 = 126°）小 6°，这样当转子齿和 A 相定子齿对齐时，B 相齿相对转子齿逆时针方向错过 3°，而 C 相齿相对转子齿逆时针方向错过 6°。按照此结构，采用三相单三拍通电方式时，转子沿逆时针方向、以 3° 步距角转动；采用三相六拍通电方式时，则步距角减为 1.5°。如通电相序相反，则步进电动机将沿着顺时针方向转动。

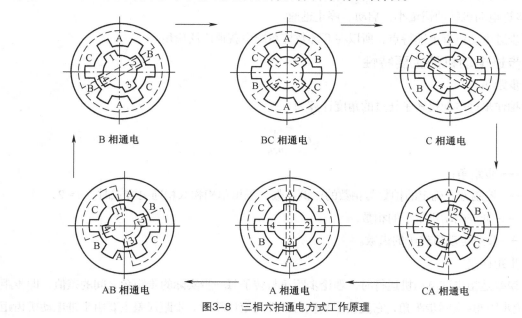

图3-8　三相六拍通电方式工作原理

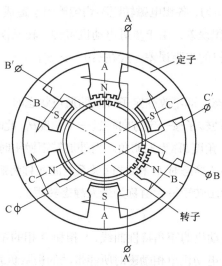

图3-9　步进电动机实例

2. 步进电动机的主要特点

① 步进电动机的输出转角与输入的脉冲个数严格成正比，故控制输入步进电动机的脉冲个数就能控制位移量。

② 步进电动机的转速与输入的脉冲频率成正比，只要控制脉冲频率就能调节步进电动机的转速。

③ 当停止送入脉冲时，只要维持绕组内电流不变，电动机轴可以保持在某固定位置上，不需要机械制动装置。

④ 改变通电相序即可以改变电动机转向。

⑤ 步进电动机转动惯量小，启动、停止迅速。

由于步进电动机有上述特点，所以在开环数控系统中获得广泛应用。

3. 步进电动机的主要特性

（1）步距角

每一拍使步进电动机转子转过的角度计算为

$$\theta = \frac{360°}{mzk}$$

式中，θ——步距角；

k——控制方式确定的拍数与相数的比例系数，采用单相和双相通电方式时，$k = 2$；

m——步进电动机定子的相数；

z——步进电动机转子的齿数。

（2）步距误差

步距误差是指步进电动机运行时，理论步距角与转子每一步实际的步距角之间的差值，即步距误差=理论步距角–实际步距角，它直接影响执行部件的定位精度。步距误差主要由步进电动机齿距制造误差、定子和转子气隙不均匀、各相电磁转距不均匀等因素造成。步进电动机连续走若干步时，步距误差的累积称为步距的累积误差，由于步进电动机每转一转又恢复到原来的位置，所以误差不会无限累积。反应式步进电动机的步距误差一般在±10′～±25′。

（3）静态转矩和矩角特性

当步进电动机处在锁定状态，即不改变定子绕组的通电状态时，称为静态运行状态。此时，如果在电动机轴上加一个转矩，使转子按一定方向转过一个角度θ，此时转子上的电磁转矩 M 和外加转矩相等，称 M 为静态转矩，角度θ称为失调角。当外加转矩撤销时，转子在电磁转矩的作用下回到稳定平衡点位置（$\theta = 0$）。描述静态时 M 和θ之间关系的曲线称为矩角特性，矩角特性接近正弦曲线，如图 3-10 所示。曲线上静态转矩最大值称为最大静态转矩。

（4）启动转矩

图 3-11 所示为三相步进电动机的矩角特性曲线，A 相和 B 相的矩角特性曲线的交点的纵坐标值 M_q 称为启动转矩，它表示步进电动机单相励磁时所能带动的极限负载转矩。

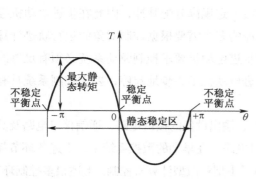

图3-10　三相步进电动机的矩角特性曲线

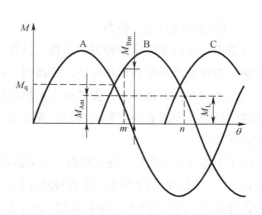

图3-11　三相步进电动机的最大负载能力

当电动机所带负载 $M_L < M_q$ 时，A 相通电，工作点在 m 点，在此点 $M_{Am} = M_L$。当励磁电流从 A 相切换到 B 相，而转子在 m 点位置时，B 相励磁绕组产生的电磁转矩是 $M_{Bm} > M_L$，转子旋转，前进到 n 点时，$M_{Bn} = M_L$，转子到达新的平衡位置。显然，负载转矩不可能大于 A、B 两相交点的转矩 M_q，否则转子无法转动，将产生"失步"现象。不同相数的步进电动机的启动转矩不同。

（5）空载启动频率 f_q

步进电动机在空载情况下，不失步启动所能允许的最高频率，称为空载启动频率。在有负载情况下，不失步启动所能允许的最高频率将大大降低。为了防止步进电动机失步，电动机的启动频率不应过高，启动后再逐渐升高脉冲频率。

（6）运行矩频特性与动态转矩

在步进电动机正常运转时，若输入脉冲的频率逐渐增加，则电动机所能带动的负载转矩将逐渐下降，如图 3-12 所示，图中的曲线称为步进电动机的矩频特性曲线。可见，矩频特性曲线描述的是步进电动机连续稳定运行时输出转矩与运行频率之间的关系。在不同频率下步进电动机产生的转矩称为动态转矩。

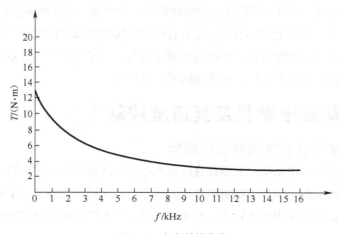

图3-12　矩频特性曲线

4．步进电动机的控制

步进电动机由于采用脉冲方式工作，且各相需按一定规律分配脉冲，因此在步进电动机控制系统中，需要脉冲分配逻辑和脉冲产生逻辑。而脉冲的多少需要根据控制对象的运行轨迹计算得到，因此还需要插补运算器。数控机床所用的功率步进电动机要求控制驱动系统必须有足够的驱动功率，所以还要求有功率驱动部分。为了保证步进电动机不失步地起停，要求控制系统具有升降速控制环节。

除了上述各环节之外，还有键盘、显示器等输入、输出设备的接口电路，通信接口电路及其他附属环节。在闭环控制系统中，还有检测元件的接口电路。在早期的数控系统中，上述各环节都是由硬件完成的。但目前的机床数控系统，由于都采用了小型和微型计算机控制，上述很多控制环节，如升降速控制、脉冲分配、脉冲产生、插补运算等都可以由计算机完成，使步进电动机控制系统的硬件电路大为简化。图3-13所示为用微型计算机控制步进电动机的系统框图。

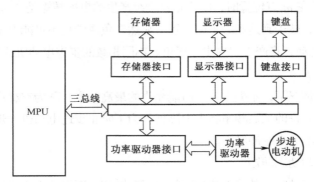

图3-13　步进电动机的CNC系统框图

系统中的键盘用于向计算机输入和编辑控制代码程序，输入的代码由计算机解释。显示器用于显示控制对象的运动坐标值、故障报警、工作状态、编程代码等各种信息。存储器用来存放监控程序、解释程序、插补运算程序、故障诊断程序、脉冲分配程序、键盘扫描程序、显示驱动程序、用户控制代码程序等。功率放大器用以对计算机送来的脉冲进行功率放大，以驱动步进电动机带动负载运行。

计算机控制系统中，除了上述环节外，还有各种控制按键及其接口电路（如急停控制、手动输入控制、行程开关接口等）和继电器、电磁阀控制接口等。在复杂的 CNC 系统中，还可能有纸带阅读机接口、位置检测元件输入接口、位置编码器、接口等。

3.3.2　直流伺服电动机及其速度控制

1．直流伺服电动机的结构与工作原理

目前数控机床进给驱动中采用的大惯量直流伺服电动机根据励磁方式不同，可分为电磁式和永磁式2种。电磁式按励磁绕组与电枢绕组的连接方式不同，又可分为并励、串励和复励3种。永磁式电动机效率较高且低速时输出转矩较大，应用较广泛。下面以永磁式宽调速直流伺服电动机为例进行分析。

（1）结构

永磁式宽调速直流伺服电动机的结构与普通电动机基本相同，不同的是为了满足快速响应的要求，在结构上做得细长些，如图 3-14 所示。它由定子和转子 2 部分组成，定子包括磁极（永磁体）、电刷装置、机座、机盖等部件；转子通常称为电枢，包括电枢铁心、电枢绕组、换向器、转轴等部件。反馈用的检测器有测速发电机、旋转变压器和光电编码器等，检测元件装在电动机转子轴的尾部。

（2）工作原理

图 3-15 所示为直流电动机工作原理示意图，N 极和 S 极为电动机定子，其为永久磁铁或激励绕组所形成的磁极，在 A、B 两电刷间加直流电压时，电流便从 B 刷流入，从 A 刷流出。由于两刷把 N 极和 S 极下的元件连接成 2 条并联支路，故不论转子如何转动，由于电刷的机械换向作用，N 极和 S 极下导体的电流方向是不变的。

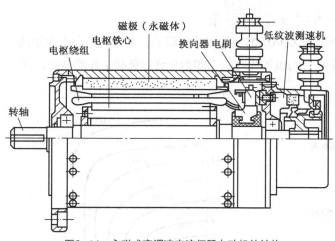

图 3-14　永磁式宽调速直流伺服电动机的结构

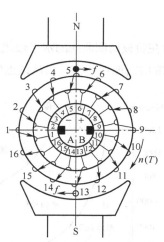

图 3-15　直流电动机工作原理示意图

2. 直流伺服电动机的速度控制方法

根据直流电动机的机械特性公式

$$n = \frac{U_a}{C_e \Phi} - \frac{R_a}{C_e C_M \Phi^2} M$$

可以看到，直流电动机转速的调整方法有下面 3 种。

① 改变电枢电压 U_a；

② 改变电动机磁通量 Φ；

③ 改变电枢回路电阻 R_a，即在回路中串入电阻。

在激磁电流 I 保持恒定的条件下，改变电枢电压调速，启动力矩大，机械特性好，具有恒转矩特性，是直流伺服驱动系统普遍采用的调速方法。

3. 直流伺服电动机的工作特性

永磁式直流伺服电动机的性能可用特性曲线来描述。下面介绍转矩—速度特性曲线和负载周期曲线。

（1）转矩—速度特性曲线

转矩—速度特性曲线又称为工作曲线，如图 3-16 所示。伺服电动机的工作区域被温度极限线、转速极限线、换向极限线、转矩极限线以及瞬时换向极限线分成 3 个区域。Ⅰ区为连续工作区，在该区域内可对转矩和转速进行任意组合，都可长期连续工作；Ⅱ区为断续工作区，此时电动机只能根据负载工作周期曲线所决定的允许工作时间和断电时间作间歇工作；Ⅲ区为瞬时加速和减速区域，电动机只能用作加速或减速，工作一段极短的时间。选择该类电动机时要考虑负载转矩、摩擦转矩，特别是惯性转矩。

（2）负载周期曲线

如图 3-17 所示，该曲线给出了在满足机械所需转矩，而又确保电动机不过热的情况下，允许电动机的工作时间。因此，这些曲线是由电动机温度极限所决定的。负载周期曲线的使用方法：首先根据实际负载转矩的要求，求出电动机在该值的过载倍数，即

$$T_{md} = \frac{负载转矩}{连续额定转矩}$$

然后在负载周期曲线的水平轴线上找到实际机械所需要的工作时间 t_R，并从该点向上作垂线，与所要求的 T_{md} 曲线相交，再从该点作水平线，与纵轴相交的点即为允许的负载工作周期比，即

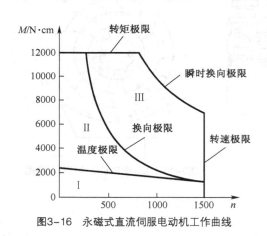

图3-16 永磁式直流伺服电动机工作曲线

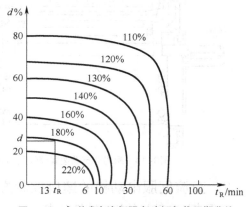

图3-17 永磁式直流伺服电动机负载周期曲线

$$d = \frac{t_R}{t_R + t_F}$$

式中，t_R——电动机的工作时间；

t_F——电动机的断电时间。

最后可以求出最短断电时间为

$$t_F = t_R \left(\frac{1}{d} - 1 \right)$$

3.3.3 交流伺服电动机及其速度控制

交流伺服电动机驱动是最新发展起来的新型伺服系统，也是当前机床进给驱动系统方面的一个新动向。该系统克服了直流驱动系统中电动机电刷和整流子要经常维修、电动机尺寸较大和使用环境受限制等缺点，它能在较宽的调速范围内产生理想的转矩，并且结构简单、运行可靠，因而用于

数控机床等进给驱动系统精密位置控制的情况。

　　交流伺服电动机的工作原理和两相异步电动机相似。由于它在数控机床中作为执行元件，将交流电信号转换为轴上的角位移或角速度，所以要求转子速度的快慢能够反映控制信号的相位，无控制信号时它不转动。特别是当它已在转动时，如果控制信号消失，它立即停止转动。而普通的感应电动机转动起来以后，若控制信号消失，往往不能立即停止而要继续转动一会儿。

1. 交流伺服电动机的结构与工作原理

（1）结构

　　交流伺服电动机可分为异步型交流伺服电动机和同步型交流伺服电动机。异步型交流伺服电动机采用的电流有三相和单相2种。同步型交流伺服电动机可分为永磁式和反应式等。在数控机床进给伺服系统中多采用永磁式交流伺服电动机，其结构如图3-18、图3-19所示，主要由定子、转子和检测元件组成。定子内侧有齿槽，槽内装有三相对称绕组，其结构与普通交流电动机的定子类似。定子上有通风孔，定子的外形呈多边形，且无外壳以利于散热。转子主要由多块永久磁铁和铁心组成。这种结构的优点是级数多，气隙磁通密度较高。

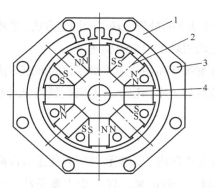
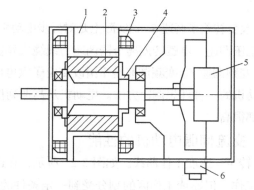

图3-18　永磁式交流伺服电动机横剖面
1—定子；2—永久磁铁；
3—轴向通风孔；4—转轴

图3-19　永磁式交流伺服电动机纵剖面
1—定子；2—转子；3—定子绕组；4—压板；
5—检测元件；6—接线盒

（2）工作原理

　　如图3-20所示，一个二极永磁转子（也可以是多极的），当定子三相绕组通上交流电源后，就产生一个旋转磁场，图中用另一对旋转磁极表示，该旋转磁场将以同步转速 n_s 旋转。由于磁极同性相斥、异性相吸，定子旋转磁极与转子的永磁磁极互相吸引，并带着转子一起旋转，因此，转子也将以同步转速 n_s 与旋转磁场一起旋转。

　　当转子加上负载转矩之后，转子磁极轴线将落后定子磁场轴线一个 θ 角，随着负载增加，θ 角也随之增大，负载减小时，θ 角也减小，只要不超过一定限度，转子始终跟着定子的旋转磁场以恒定的同步转速 n_s 旋转。若负载转矩超过一定的限度，则电动机就会失步，即不再按同

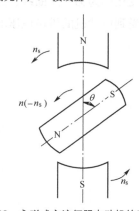

图3-20　永磁式交流伺服电动机的工作原理

步转速运行甚至最后会停转。这个最大限度的转矩称为最大同步转矩。因此，使用永磁式同步电动机，负载转矩不能大于最大同步转矩。

2. 交流伺服电动机的调速原理

由电动机学基本原理可知，交流电动机的同步转速为

$$n = 60f/p$$

异步电动机的转速为

$$n = \frac{60f}{p}(1-S) = n_0(1-S)$$

式中，n——交流伺服电动机的同步转速；

　f——电源频率；

　p——转子磁极的对数；

　S——转差率。

由上式可见，要改变电动机转速可采用以下几种方法。

① 改变磁极对数 p。这是一种有级的调速方法。它是通过对定子绕组接线的切换以改变磁极对数调速的。

② 改变转差率调速 S。这实际上是对异步电动机转差功率的处理而获得的调速方法。常用的是降低定子电压调速、电磁转差离合器调速、线绕式异步电动机转子串电阻调速等。

③ 变频调速 f。变频调速是平滑改变定子供电电压频率 f 而使转速平滑变化的调速方法。这是交流电动机的一种理想调速方法。电动机从高速到低速其转差率都很小，因而变频调速的效率和功率因数都很高。

3. 交流伺服电动机的性能

① 转矩—速度工作曲线。如图 3-21 所示，在连续工作区内，速度和转矩的任意组合都可长时间连续工作，但连续工作区的划分受到一定条件的限制。一般说来，有 2 个主要条件：一是供给电动机的电流是理想的正弦波；二是电动机工作是在某一特定温度下得到这条连续工作极限线的，如温度变化则为另一条曲线，这是由于所用的磁性材料的负的温度系数所致。至于断续工作区的极限一般受到电动机的供电电压的限制。

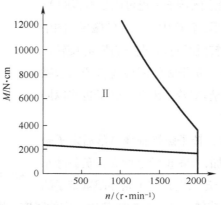

图3-21　永磁式交流伺服电动机的工作曲线

交流伺服电动机的机械特性比直流伺服电动机的机械特性要硬，其直线更为接近水平线。另外，断续工作区范围更大，尤其是在高速区，这有利于提高电动机的加、减速能力。

② 高可靠性。用电子逆变器取代了直流电动机换向器和电刷，工作寿命由轴承决定。因无换向器及电刷，省去了此项目的保养和维护。

③ 主要损耗在定子绕组与铁心上，故散热容易；便于安装热保护，而直流电动机损耗主要在转子上，散热困难。

④ 转子惯量小，其结构允许高速工作。

⑤ 体积小、质量小。

位置检测装置

3.4.1 概述

位置检测装置是 CNC 系统的重要组成部分，它的作用是检测位移和速度。发送反馈信号，构成闭环或半闭环控制。在闭环系统中，位置检测装置检测位移量，并将检测的反馈信号和数控装置发出的指令信号相比较，若有偏差，经放大后控制执行部件，使其向着消除偏差的方向运动，直到偏差为零。

1. 对位置检测装置的要求

为提高数控机床的加工精度，必须提高测量元件和测量系统的精度。不同的数控机床对测量元件和测量系统的精度要求、允许的最高移动速度各不相同。一般要求测量元件的分辨率（测量元件能测量的最小位移量）为 0.000 1～0.01 mm，测量精度为 0.001～0.02 mm，运动速度为 0～24 m/min。

数控机床对位置检测装置的要求如下。

① 受温度、湿度的影响小，工作可靠，能长期保持精度，抗干扰能力强。

② 在机床执行部件移动范围内，能满足精度和速度的要求。

③ 使用、维护方便，适应机床工作环境。

④ 成本低。

2. 位置检测装置的分类

按工作条件和测量要求的不同，检测装置亦有不同的划分方法。

（1）直接测量和间接测量

测量传感器按形状可以分为直线型和回转型。若测量传感器所测量的指标就是所要求的指标，即直线型传感器测量直线位移、回转型传感器测量角位移，则该测量方式为直接测量。典型的直接测量装置为光栅、感应同步器或磁尺（测直线位移）、编码盘（测回转运动）。

若回转型传感器测量的角位移只是中间量，由它再推算出与之对应的工作台直线位移，那么该测量方式为间接测量。其测量精度取决于测量装置和机床传动链两者的精度。典型的间接测量装置为编码盘和旋转变压器。

（2）增量式测量和绝对式测量

按测量装置编码的方式可以分为增量式测量和绝对式测量。增量式测量的特点是只测量位移增量，即工作台每移动一个测量单位，测量装置便发出一个测量信号，此信号通常是脉冲形式。典型的增量式测量装置为光栅和增量式光电码盘。

绝对式测量的特点是被测的任一点的位置都由一个固定的零点算起，每一测量点都有一对应的测量值。典型的绝对式测量装置为接触式码盘及绝对式光电码盘。

（3）数字式测量和模拟式测量

数字式测量以量化后的数字形式表示被测的量。数字式测量的特点是测量装置简单，信号抗干扰能力强，且便于显示处理。典型的数字式测量装置有光电码盘、接触式码盘、光栅等。

模拟式测量是将被测的量用连续的变量表示，如用电压变化、相位变化来表示。典型的模拟式测量装置有旋转变压器、感应同步器、磁栅等。

数控机床常用的各种位置检测装置如表3-1所示。本节就其中常用的几种加以介绍。

表 3-1　　　　　　　　　　　位置检测装置分类

类　　型	数　字　式		模　拟　式	
	增量式	绝对式	增量式	绝对式
回转型	增量式光电脉冲编码器、圆光栅	绝对式光电脉冲编码器	旋转变压器、感应同步器、圆形磁尺	多级旋转变压器
直线型	长光栅、激光干涉仪	编码尺	直线感应同步器、磁尺	绝对值式磁尺

3.4.2　旋转变压器

旋转变压器属于电磁式位置检测传感器，可用于角位移测量，在结构上与绕线式异步电动机相似，由定子和转子组成，激磁电压接到定子绕组上，激磁频率通常为 400 Hz、500 Hz、1 000 Hz 及 5 000 Hz。转子绕组输出感应电压，输出电压随被测角位移的变化而变化。旋转变压器可单独和滚珠丝杠相连，也可与伺服电动机组成一体。

1.　结构

从转子感应电压的输出方式来看，旋转变压器可分为有刷和无刷两种类型。

有刷旋转变压器定子与转子上两相绕组轴线分别互相垂直，转子绕组的端点通过电刷与滑环引出；无刷旋转变压器结构如图 3-22 所示，由分解器与变压器组成，无电刷和滑环。分解器结构与有刷旋转变压器基本相同；变压器的一次绕组绕在与分解器转子轴固定在一起的线轴上，与转子一起转动，二次绕组绕在与转子同心的定子轴线上。分解器定子线圈外接激磁电压，转子线圈输出信号接到变压器的一次绕组，从变压器的二次绕组引出最后的输出信号。无刷旋转变压器的特点是输出信号大，可靠性高且寿命长，不用维修，更适合数控机床使用。

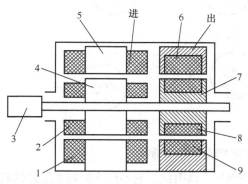

图 3-22　无刷旋转变压器结构
1—分解器定子线圈；2—分解器转子线圈；3—转子轴；
4—分解器转子；5—分解器定子；6—变压器定子；
7—变压器转子；8—变压器一次绕组；
9—变压器二次绕组

2. 工作原理

为了便于理解旋转变压器的工作原理，先讨论一下两极型旋转变压器的工作情况，如图 3-23 所示。

两极型旋转变压器的定子和转子各有一对磁极，假如加到定子绕组的励磁电压为 $u_1 = U_m \sin \omega t$，则转子通过电磁耦合，产生感应电压 u_2。当转子转到使它的绕组磁轴和定子绕组磁轴垂直时，转子绕组感应电压 $u_2 = 0$；当转子绕组的磁轴自垂直位置转过一定角度 θ 时，转子绕组中产生的感应电压为

$$u_2 = ku_1 \sin \theta = kU_m \sin \omega t \sin \theta$$

式中，$k = \omega_1 / \omega_2$——旋转变压器的电磁耦合系数；

ω_1、ω_2——定子、转子绕组匝数；

U_m——定子的最大瞬时电压；

θ——两绕组轴线间夹角。

当转子转过 π/2（即 $\theta = \pi/2$）时，磁轴平行。此时转子绕组中感应电压最大，即

$$u_2 = kU_m \sin \omega t$$

以上是两极绕组式旋转变压器的基本工作原理。在实际应用中，考虑到使用的方便性和检测精度等因素，常采用为正、余弦旋转变压器，如图 3-24 所示。这种结构形式的旋转变压器可分为鉴相式和鉴幅式 2 种工作方式。

（1）鉴相工作方式

给定子的 2 个绕组分别通以同幅、同频但相位相差 π/2 的交流励磁电压，即

$$u_{1s} = U_m \sin \omega t$$

$$u_{1c} = U_m \cos \omega t \tag{3-1}$$

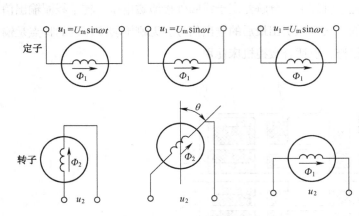

图3-23 两级型旋转变压器的工作原理

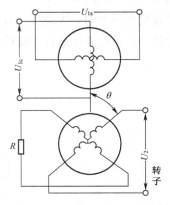

图3-24 正弦、余弦旋转变压器

给转子绕组的其中一个绕组接一高阻抗，它不作为旋转变压器的测量输出，主要起平衡磁场的作用，目的是为了提高测量精度。

这2个励磁电压在转子的另一绕组中都产生了感应电压，并叠加在一起，因而转子中的感应电压应为这2个电压的代数和，即

$$u_2 = ku_{1s} \sin\theta + ku_{1c} \cos\theta$$
$$= kU_m \sin\omega t \sin\theta + kU_m \cos\omega t \cos\theta$$
$$= kU_m \cos(\omega t - \theta) \tag{3-2}$$

同理，假如转子逆向转动，可得

$$u_2 = kU_m \cos(\omega t + \theta) \tag{3-3}$$

可见，转子输出电压的相位角和转子的偏转角θ之间有严格的对应关系，只要检测出转子输出电压的相位角，就可以求得转子的偏转角，也就可得到被测轴的角位移（因为在结构上被测轴与旋转变压器的转子连接在一起）。

（2）鉴幅工作方式

给定子的2个绕组分别通以同频率、同相位但幅值不同的交变励磁电压，即

$$u_{1s} = U_{sm} \sin\omega t$$
$$u_{1c} = U_{cm} \sin\omega t$$

式中，幅值分别为正弦、余弦函数，即

$$u_{sm} = U_m \sin\alpha$$
$$u_{cm} = U_m \cos\alpha$$

式中，α角可改变，称为旋转变压器的电气角。

则在定子上的叠加感应电压为

$$u_2 = ku_{1s} \sin\theta + ku_{1c} \cos\theta$$
$$= kU_m \sin\alpha \sin\omega t \sin\theta + kU_m \cos\alpha \sin\omega t \cos\theta$$
$$= kU_m \cos(\alpha - \theta) \sin\omega t \tag{3-4}$$

如果转子逆向转动，可得

$$u_2 = kU_m \cos(\alpha + \theta)\sin \omega t \qquad (3\text{-}5)$$

由式（3-4）和式（3-5）可得，转子感应电压的幅值随转子的偏转角 θ 而变化，测量出幅值即可求得转角 θ，被测轴的角位移也就可求得了。

在实际应用中，应根据转子误差电压的大小，不断修改励磁信号中的 α 角（即励磁幅值），使其跟踪 θ 的变化。

3.4.3 感应同步器

感应同步器也是一种电磁式的检测传感器。按其结构可分为直线式和旋转式 2 种，前者用于直线测量，称为直线感应同步器；后者用于角度测量，称为圆感应同步器。感应同步器的特点及使用范围和光栅较相似，精度上不如光栅，但感应同步器的抗干扰性较强，对环境要求低，机械结构简单，大量程时接长方便，加之成本较低，所以它在数控机床检测系统中得到广泛应用。下面介绍直线式感应同步器。

1. 结构

直线式感应同步器用于直线位移的测量，其结构相当于一个展开的多极旋转变压器。它的主要部件包括定尺和滑尺，定尺安装在机床床身上，滑尺则安装于移动部件上，随工作台一起移动，两者平行放置，保持 0.2～0.3 mm 的间隙，如图 3-25 所示。

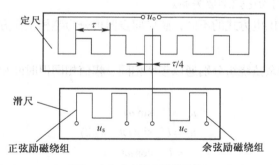

图3-25　感应同步器的结构

标准的感应同步器定尺长 250 mm，尺上是单向、均匀、连续的感应绕组；滑尺长 100 mm，尺上有 2 组励磁绕组，一组叫正弦励磁绕组，一组叫余弦励磁绕组。定尺和滑尺绕组的节距相同，用 τ 表示。当正弦励磁绕组与定尺绕组对齐时，余弦励磁绕组与定尺绕组相差 1/4 节距。由于定尺绕组是均匀的，故表示滑尺上的 2 个绕组在空间位置上相差 1/4 节距，即 $\pi/2$ 相位角。

定尺和滑尺的基板采用与机床床身材料的热膨胀系数相近的低碳钢，上面有用光学腐蚀方法制成的铜箔锯齿形的印刷电路绕组，铜箔与基板之间有一层极薄的绝缘层。在定尺的铜绕组上面涂一层耐腐蚀的绝缘层，以保护尺面；在滑尺的绕组上面用绝缘的黏结剂粘贴一层铝箔，以防静电感应。

2. 工作原理

感应同步器的工作原理与旋转变压器的工作原理相似。当励磁绕组与感应绕组间发生相对位移时，由于电磁耦合的变化，感应绕组中的感应电压随位移的变化而变化，感应同步器和旋转变压器就是利用这个特点进行测量的。所不同的是，旋转变压器是定子、转子间的旋转位移，而感应同步器是滑尺和定尺间的直线位移。

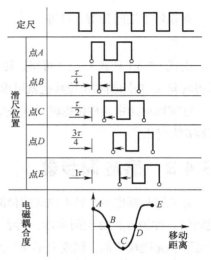

图 3-26 所示为定尺感应电压与定尺、滑尺绕组的相对位置的关系。若向滑尺上的正弦绕组通以交流励磁电压，则在定子绕组中产生励磁电流，因而绕组周围产生了旋转磁场。这时，如果滑尺处于图中点 A 位置，即滑尺绕组与定尺绕组完全对应重合，则定尺上的感应电压最大。随着滑尺相对定尺作平行移动，感应电压逐渐减小。当滑尺移动至图中点 B 的位置，即与定尺绕组刚好错开 1/4 节距时，感应电压为零。再继续移至 1/2 节距处，即图中点 C 位置时，为最大的负值电压（即感应电压的幅值与点 A 相同但极性

图3-26　定尺感应电压与定尺、滑尺绕组的相对位置关系

相反）。再移至 3/4 节距，即图中点 D 的位置时，感应电压又变为零。当移动到一个节距位置即图中点 E 时，又恢复初始状态，即与点 A 情况相同。显然在定尺和滑尺的相对位移中，感应电压呈周期性变化，其波形为余弦函数。在滑尺移动一个节距的过程中，感应电压变化了一个余弦周期。

同样，若在滑尺的余弦绕组中通以交流励磁电压，也能得出定尺绕组中感应电压与两尺相对位移θ的关系曲线，它们之间为正弦函数关系。

根据励磁绕组中励磁供电方式的不同，感应同步器可分为鉴相工作方式和鉴幅工作方式。

（1）鉴相工作方式

给滑尺的正弦绕组和余弦绕组分别通以频率相同、幅值相同但时间相位相差 $\pi/2$ 的交流励磁电压，即

$$u_s = U_m \sin \omega t$$
$$u_c = U_m \sin(\omega t + \pi/2)$$
$$= U_m \cos \omega t$$

若起始时正弦绕组与定尺的感应绕组对应重合，当滑尺移动时，滑尺与定尺的绕组不重合，则定尺绕组中产生的感应电压为

$$u_{d1} = k u_s \cos \theta$$
$$= k U_m \sin \omega t \cos \theta$$

式中，k——耦合系数；

τ——节距；

θ——滑尺绕组相对于定尺绕组的空间相位角，即 $\theta = 2\pi x/\tau$，若滑尺移动 x 距离，则对应的感应电压以余弦或正弦函数变化 θ 角度。

同理，由于余弦绕组与定尺绕组相差 1/4 节距，故在定尺绕组中的感应电压为

$$u_{d2} = k u_c \cos(\theta + \pi/2)$$
$$= -k U_m \sin \theta \cos \omega t$$

应用叠加原理，定尺上感应电压为

$$
\begin{aligned}
u_d &= u_{d1} + u_{d2} \\
&= kU_m \sin \omega t \cos \theta - kU_m \sin \theta \cos \omega t \\
&= kU_m \sin(\omega t - \theta)
\end{aligned}
\tag{3-6}
$$

从式（3-6）可以看出，在鉴相工作方式中，由于耦合系数 k、励磁电压幅值 U_m 以及频率 ω 均是常数，所以定尺的感应电压 u_d 就只随着空间相位角 θ 的变化而变化了。由此可以说明，定尺的感应电压与滑尺的位移值有严格的对应关系，通过鉴别定尺感应电压的相位，即可测得滑尺和定尺间的相对位移。

（2）鉴幅工作方式

给滑尺的正弦绕组和余弦绕组分别通以相位相同、频率相同但幅值不同的交流励磁电压，即

$$
u_s = u_{sm} \sin \omega t
$$

$$
u_c = u_{cm} \sin \omega t
$$

式中，两励磁电压的幅值分别为

$$
u_{sm} = U_m \sin \theta_1
$$

$$
u_{cm} = U_m \cos \theta_1
$$

则在定尺上的叠加感应电压为

$$
\begin{aligned}
u_d &= ku_{sm} \sin \omega t \cos \theta - ku_{cm} \sin \theta \sin \omega t \\
&= k \sin \omega t (u_{sm} \cos \theta - u_{cm} \sin \theta) \\
&= k \sin \omega t (U_m \sin \theta_1 \cos \theta - U_m \cos \theta_1 \sin \theta) \\
&= kU_m \sin \omega t \sin(\theta_1 - \theta)
\end{aligned}
$$

若 $\qquad\qquad\qquad\qquad\qquad \theta_1 = \theta$

则 $\qquad\qquad\qquad\qquad\qquad u_d = 0$

在滑尺移动中，在一个节距内的任一 $u_d = 0$、$\theta_1 = \theta$ 点称为节距零点。若改变滑尺位置，$\theta_1 \neq \theta$，则在定尺上出现的感应电压为

$$
\begin{aligned}
u_d &= kU_m \sin \omega t \sin(\theta_1 - \theta) \\
&= kU_m \sin \omega t \sin \Delta \theta
\end{aligned}
$$

令 $\theta_1 = \theta + \Delta \theta$，则当 $\Delta \theta$ 很小时，定尺上的感应电压可近似表示为

$$
u_d = kU_m \sin \omega t \sin \Delta \theta
$$

又因为 $\qquad\qquad\qquad\qquad \Delta \theta = \dfrac{2\pi}{\tau} \Delta x$

所以 $\qquad\qquad\qquad\qquad u_d = kU_m \Delta x \dfrac{2\pi}{\tau} \sin \omega t \tag{3-7}$

从式（3-7）可以看出，定尺感应电压 u_d 实际上是误差电压，当位移增量 Δx 很小时，误差电压的幅值和 Δx 成正比，因此可以通过测量 u_d 的幅值来测定位移量 Δx 的大小。

在鉴幅工作方式中，每当改变一个 Δx 的位移增量，就有误差电压 u_d，当 u_d 超过某一预先设定的门槛电平，就产生脉冲信号，并用此来修正励磁信号 u_s、u_c，使误差信号重新降低到门槛电平以

下，这样就把位移量转化为数字量，实现了对位移的测量。

3.4.4 光栅

光栅是由许多等节距的透光缝隙和不透光的刻线均匀相间排列而构成的光感器件。按工作原理分，有物理光栅和计量光栅，前者的刻度比后者细密。物理光栅主要利用光的衍射现象，通常用于光谱分析和光波测定等方面；计量光栅主要利用光栅的莫尔条纹现象，广泛应用于位移的精密测量与控制中。

在高精度数控机床中，利用计量光栅将机械位移或模拟量转变为数字脉冲，反馈给数控系统，实现闭环控制。随着激光技术的发展，光栅制作技术得到很大提高。现在光栅精度可达微米级，再通过细分电路可以达到 0.1 μm，甚至更高的分辨率。

按应用需要，计量光栅又有透射和反射之分。根据用途不同，可制成用于测量线位移的长光栅和测量角位移的圆光栅。

1. 光栅的结构

如图 3-27 所示，光栅检测装置主要由光源、透镜、标尺光栅（长光栅）、指示光栅（短光栅）、光敏元件等组成。

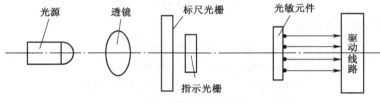

图3-27　光栅的结构

光栅是在一块长条形的光学玻璃上或金属镜面上均匀地刻上许多和运动方向垂直的线条。线条之间的距离（即栅距）可以根据测量精度确定。常用的光栅每毫米刻有 50 条、100 条或 200 条线。标尺光栅装在机床的移动部件上，指示光栅装在机床的固定部件上，2 块光栅相互平行并保持一定的间隙（通常为 0.05 mm 或 0.1 mm），刻线密度必须相同。

在实际应用中，大多把光源、指示光栅和光敏元件等组合在一起，称为读数头。因此，光栅位置检测装置可以看作是由读数头和标尺光栅两部分组成的。

读数头是位置信息的检测装置，它与标尺光栅配合可产生莫尔条纹，并被光敏元件接收给出位移的大小及方向的信息。因此，读数头是位移—光—电变换器。

2. 光栅的工作原理

如图 3-28（a）所示，当指示光栅上的线纹和标尺光栅上的线纹成一小角度 θ 时，两个光栅尺上线纹相互交叉。在光源的照射下，交叉点附近的小区域内黑线重叠，透明区域变大，挡光面积最小，挡光效应最弱，透光的累积使这个区域出现亮带。相反，距交叉点越远的区域，两光栅不透明黑线的重叠部分越少，黑线占据的空间增大，因而挡光面积增大，挡光效应增强，只有较少的光线透过光栅而使这个区域出现暗带。这种明暗相间的条纹称为莫尔条纹。莫尔条纹与光栅线纹几乎成垂直方向排列。

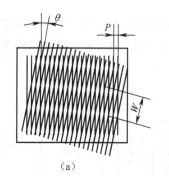 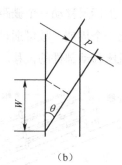

图3-28 光栅的工作原理

莫尔条纹具有如下特征。

（1）放大作用

当两光栅尺线纹间的夹角 θ 很小时，莫尔条纹的节距 W 和栅距 P 之间有如下关系［见图 3-28（b）］。

$$W = \frac{P}{\sin \theta} \approx \frac{P}{\theta}$$

由上式可知，莫尔条纹的节距是光栅栅距的 $1/\theta$。由于 θ 很小（小于 $10'$），故 $W \gg P$，即莫尔条纹具有放大作用。若取栅距 $P = 0.01$ mm、$\theta = 0.01$ rad，得 $W = 1$ mm。因此，不需要经过复杂的光学系统，就能把光栅的栅距转换成放大 100 倍的莫尔条纹的宽度，从而大大简化了电子放大线路，这是光栅技术独有的特点。

（2）平均效应

莫尔条纹由若干条线纹组成，例如，每毫米 100 条线纹的光栅，10 mm 宽的莫尔条纹就由 1 000 根线纹组成，因而对个别栅线的间距误差（或缺陷）就平均化了，在很大程度上消除了栅距不均匀造成的误差。

（3）信息变换作用

莫尔条纹的移动与栅距之间的移动成比例。当光栅向左或向右移动一个栅距 P 时，莫尔条纹也相应地向上或向下准确地移动一个节距 W。显然，读出莫尔条纹的数目比读出刻线数便利得多。根据光栅栅距的位移和莫尔条纹位移的对应关系，通过测量莫尔条纹移过的距离，就可以测出小于光栅栅距的微位移量。

（4）光强分布规律

当用平行光束照射光栅时，就形成明、暗相间的莫尔条纹。由亮纹到暗纹，再由暗纹到亮纹的光强分布近似余弦函数。

3. 光栅检测装置的应用

根据莫尔条纹的上述特点，在实际使用中，在莫尔条纹移动方向上开设 4 个窗口 P_1、P_2、P_3、P_4，且这 4 个窗口两两相距 $W/4$。根据这 4 个窗口测得的有关光强信号，即可实现位置检测的目的。图 3-29 所示为一个光栅测量系统。

（1）测量移动位置

将标尺光栅安装在机床移动部件上，如工作台上，将读数头安装在机床固定部件上，如床身上。

根据莫尔条纹的特点，当标尺移动一个栅距时，莫尔条纹就移动一个莫尔条纹的宽度，即透过任何一个窗口的光强就变化一个周期。故可通过观察透过的光强变化的周期数确定标尺光栅移动了几个栅距，由此就可测得机床移动部件的位移。

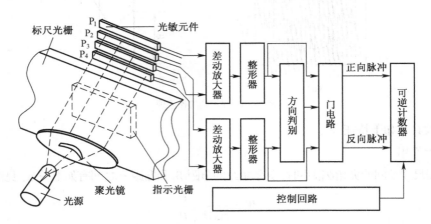

图3-29　光栅测量系统

（2）确定移动方向

从 4 个观察窗口，可以得到 4 个在相位上依次超前或滞后 1/4 周期的近似余弦函数的光强变化过程。当标尺光栅正向移动时，可得到 4 个光强信号，P_1 滞后 P_2 90°，P_2 滞后 P_3 90°，P_3 滞后 P_4 90°；当标尺光栅反方向移动时，4 个光强的变化为 P_1 超前 P_2 90°，P_2 超前 P_3 90°，P_3 超前 P_4 90°。因此，根据从 4 个窗口得到的光的强度变化的相互超前或滞后关系，就可确定出机床移动部件的移动方向。

（3）确定移动速度

根据莫尔条纹的标尺光栅的位移与莫尔条纹的位移成比例的特点，可得标尺光栅的移动速度和莫尔条纹的移动速度成比例，也和观察窗口的光强变化频率相对应。因此，可以根据透过观察窗口的光强变化频率来确定标尺光栅的移动速度，即机床移动部件的移动速度。

由上述分析可知，通过分析窗口中光强变化的过程、光强超前或滞后的相位关系、光强变化的频率，可以检测出机床移动部件的位移、方向和速度。在实际应用中，是利用光敏元件来检测光强的变化的。光敏元件把透过观察窗口的近似于余弦函数的光强变化，全都转换成近似余弦函数的电压信号。因此，可根据光敏元件产生的 4 个两两相差 90° 的交变电压信号的变化情况、相位关系及频率，来确定机床移动部件的移动情况。

3.4.5 磁栅

磁栅又称磁尺，也是一种电磁检测装置，是将一定波长的方波和正弦波信号，用记录磁头记录在用磁性材料制成的磁性标尺上，作为测量基准。在测量时，拾磁磁头相对磁性标尺移动，并将磁性标尺上的磁化信号转换成电信号，再送到检测电路中去，把拾磁磁头相对于磁性标尺的位置或位移量用数字显示出来，或转换成控制信号输送到数控装置。

　　磁栅按磁性标尺基体的形状可分为平面实体型磁栅［见图 3-30（a）］、带状磁栅［见图 3-30（b）］、线状磁栅［见图 3-30（c）］和圆形磁栅［见图 3-30（d）］，前 3 种用于直线位移测量，后一种用于角位移测量。

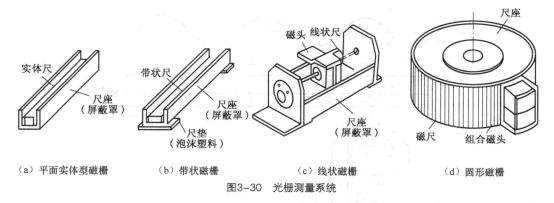

（a）平面实体型磁栅　　　　（b）带状磁栅　　　　　（c）线状磁栅　　　　　（d）圆形磁栅

图3-30　光栅测量系统

　　磁栅测量装置由磁性标尺、拾磁磁头和检测电路组成，如图 3-31 所示。

1．磁性标尺

　　磁性标尺（简称磁尺）由 2 部分构成，即磁性标尺基体和磁性膜。磁性标尺的基体一般由非导磁材料（如玻璃、不锈钢、铜、铝或其他合金材料）制成。磁性膜是采用涂敷、化学沉积或电镀等工艺方法，在磁性标尺基体上产生一层厚度为 10～20 μm 的磁性材料，该磁性材料均匀分布在磁性标尺的基体上，且成膜状，故称磁性膜。磁性膜上有用录磁方法录制的波长为 λ 的磁波。对于长磁性标尺来说，磁尺波长一般取 0.05 mm、0.10 mm、0.20 mm、1mm。

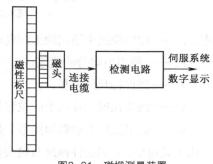

图3-31　磁栅测量装置

　　在实际应用中，为防止磁头对磁性膜的磨损，一般在磁性膜上均匀地涂上一层 1～2 mm 的耐磨塑料保护层，以提高磁性标尺的寿命。

2．拾磁磁头

　　磁头是进行磁电转换的元件，它将反映位置变化的磁化信号检测出来，并转换成电信号输送给检测电路。

　　机床要求在低速甚至在静止时也能检测出磁性标尺上的磁信号，所以不能使用一般录音机用的磁头。录音机磁头是速度响应型磁头，它只有在磁头和磁带之间有一定相对速度时才能读取磁化信号。

　　机床上使用的磁头叫做磁通响应型磁头。

　　（1）磁通响应型磁头

　　如图 3-32 所示，磁通响应型磁头有 2 组绕组，绕在截面尺寸较小的横臂上的绕组 W_1 是激磁绕组，绕在截面尺寸较大的竖杆上的绕组 W_2 是输出绕组。横臂铁心材料是可饱和铁心，所以，激磁电流在一个周期内可使铁心材料饱和 2 次。铁心材料饱和后，磁阻很大，磁路被阻断；铁心材料非饱和时，磁阻减小，磁路开通。可见，激磁绕组的作用相当于磁开关，只要有周期变化的激磁电流

存在，输出绕组的磁路中磁通量产生周期变化，输出绕组就会有电压信号输出。电压值为

$$e = E_m \sin\left(\frac{2\pi x}{\lambda}\right) \sin(\omega_2 t)$$

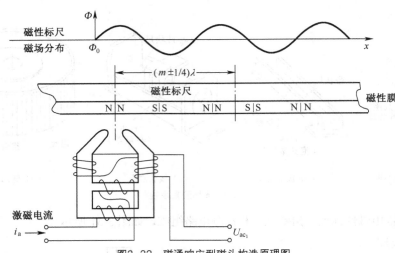

图3-32 磁通响应型磁头构造原理图

式中，e——输出绕组中输出的感应电动势；

$\quad\quad E_m$——输出电动势的峰值；

$\quad\quad \lambda$——磁性标尺的波长；

$\quad\quad x$——磁头在磁性标尺上的位移量；

$\quad\quad \omega$——输出感应电动势的频率，是激磁电流频率的2倍。

由上式可见，e和磁性标尺与磁头相对速度无关，而是由磁头在磁性标尺上的位置所决定。

（2）多间隙磁通响应型磁头

使用单个磁头读取磁性标尺上的磁信号，不但输出信号小，而且对磁性标尺上的磁化信号的波长和波形要求也高。所以实际上总是将几十个磁头以一定方式串联，构成多间隙磁头。多间隙磁头中，所有磁头之间的间隔均为$\lambda/2$，得到的总输出是每个磁头输出信号的叠加，这样不但增大了输出信号的强度，同时也降低了对磁性标尺的精度要求。多间隙磁通响应型磁头的原理图如图3-33所示。

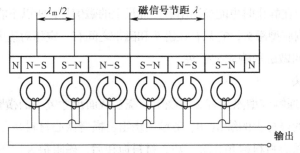

图3-33 多间隙磁通响应型磁头原理图

3. 磁栅检测装置的工作方式

（1）鉴相式测量检测电路

图 3-34 所示为鉴相检测电路，2 组磁头通以同频、等幅但相位相差 90° 的激磁电流，则 2 组磁头的输出电压为

$$U_1 = U_0 \sin(2\pi x / \lambda) \cos \omega t$$
$$U_2 = U_0 \cos(2\pi x / \lambda) \sin \omega t$$

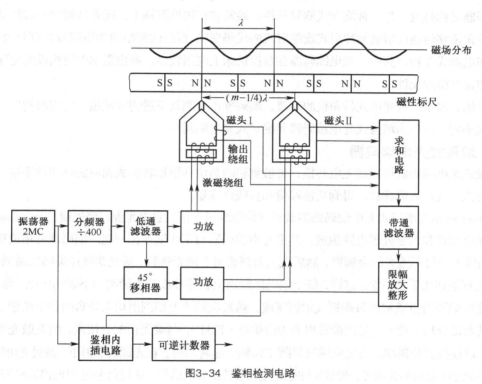

图3-34　鉴相检测电路

将 U_1、U_2 求和，得

$$U = U_0 \sin(2\pi x / \lambda + \omega t)$$

可以看出，输出电压随磁头相对于磁栅的位移量 x 的变化而变化，因而根据输出电压的相位变化，可以测量磁栅的位移量。双磁头是为了识别磁栅的运动方向而设置的，两磁头按（$m \pm 1/4$）λ 配置，m 为正整数，$\lambda/4$ 节距相当于 $\pi/4$ 电气角。

（2）鉴幅式测量检测电路

鉴幅式测量检测电路与鉴相式测量检测电路一样，对 2 组磁头的激磁绕组通以同频率、同相位的激磁电流，则 2 组磁头的输出电压为

$$U_1 = U_0 \sin(2\pi x / \lambda) \sin \omega t$$
$$U_2 = U_0 \cos(2\pi x / \lambda) \sin \omega t$$

如果用检波器将其中的高频载波 $\sin \omega t$ 滤掉，便可得到相位差 $\pi/2$ 的 2 个交流电压信号，即

$$U_1' = U_0 \sin(2\pi x / \lambda)$$
$$U_2' = U_0 \cos(2\pi x / \lambda)$$

对 U_1 和 U_2 进行放大、整形，转换成方波信号，此方波信号与被测位移即磁头相对于磁性标尺的位移有确定的对应关系，可以测得出位移 x。

3.4.6 光电编码器

编码器又称码盘，是一种旋转式测量元件，通常装在被检测轴上，随着被测轴一起转动，可将被测轴的角位移转换成增量脉冲形式或绝对式的代码形式。根据内部结构和检测方式可分为接触式、光电式和电磁式 3 种。其中，光电编码器在数控机床上应用较多，而由霍尔效应构成的电磁编码器则可用作速度检测元件。

光电编码器是一种光电式转角检测装置，编码器用透明及不透明区域按一定编码构成。根据其编码方式不同，可分为增量式光电编码器和绝对式光电编码器。

1. 增量式光电编码器

增量式光电编码器可通过光电转换，将被测轴的角位移增量转换成相应的脉冲数字量，然后由微机数控系统或计数器计数，得到角位移量和直线位移量。

图 3-35 所示为增量式光电编码器测量系统的原理示意图，它由光源、聚光镜、光电编码器、光栅板、光敏元件和信号处理电路组成，其中光电编码器与工作轴连在一起。编码器可用玻璃材料制成，表面镀上一层不透光的金属铬，然后在上面制成向心透光狭缝。透光狭缝在编码器圆周上等分，数量从几百条到几千条不等。这样，整个编码器圆周上就等分成若干透明与不透明区域。除此之外，增量式光电编码器也通常用薄钢板或铝板制成，然后在圆周上切割出均匀分布的若干条槽子做透光狭缝，其余部分均不透光。光源最常用的为白炽灯（钨灯），与聚光镜配合使用，将发散光变为平行光照明，以便提高分辨率。当光电编码器随工作轴一起转动时，在光源的照射下，透过光电编码器和光栅板形成忽明忽暗的光信号，光敏元件把此光信号转换成电信号，通过信号处理电路的整形、放大、分频、计数、译码后输出或显示。

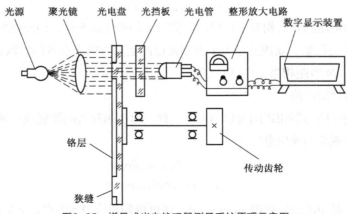

图3-35 增量式光电编码器测量系统原理示意图

这种光电编码器的测量精度取决于它所能分辨的最小角度，而这与编码器圆周内所分的狭缝条数有关，即分辨角（分辨率）

$$\alpha = \frac{2\pi}{\text{狭缝数}}$$

随着编码器转动，光敏元件输出的信号不是方波，而是近似正弦波。为了测量出转向，光栏板的 2 个狭缝距离应为（$m\pm1/4$）τ（τ 为码盘 2 个狭缝之间的距离即节距，m 为任意整数），使 2 个光敏元件的输出信号相差 π/2 相位。

由于增量式光电编码器每转过一个分辨角就发出一个脉冲信号，由此可得出如下结论。

① 根据脉冲的数目可得出工作轴的回转角度，然后由传动比换算为直线位移距离。

② 根据脉冲的频率可得工作轴的转速。

③ 根据光栏板上 2 条狭缝中信号的先后顺序（相位），可判断光电编码器的正反转。

2. 绝对式光电编码器

绝对式光电编码器，就是在码盘的每一转角位置刻有表示位置的唯一代码，通过读取码盘上的代码来测定角位移。

绝对式光电编码器的码盘采用绝对值编码。码盘按照其所有码制可以分为二进制码、十进制码、十六进制码。

（1）接触式码盘

图 3-36 所示为接触式 4 位二进制码盘，在一个不导电基体上做成许多金属区使其导电，其中涂黑部分为导电区，用"1"表示，其他部分为绝缘区，用"0"表示。这样，在每一个径向上都有"1""0"组成的二进制代码。最里一圈是公用的，它和各码道所有导电部分连在一起，经电刷和电阻接电源正极。除公用圈以外，4 位二进制码盘的 4 圈码道上也都装有电刷，电刷经电阻接地，电刷的布置如图 3-36 所示。由于码盘与被测轴连在一起，而电刷位置是固定的，当码盘随被测轴一起转动时，电刷和码盘的位置发生相对变化，若电刷接触的是导电区，则经电刷、码盘、电阻和电源形成回路，该回路中的电阻上有电流流过为"1"；反之，若电刷接触的是绝缘区，则不能形成回路，电阻上无电流流过为"0"。由此可根据电刷的位置得到由"1""0"组成的 4 位二进制码。

（2）光电式码盘

绝对式光电编码器与接触式编码器结构相似，图 3-37（a）所示为光电编码器的结构原理图，图 3-37（b）所示为结构图。图 3-37（a）中，码盘上有 4 条码道，其中的黑白区域不表示导电区和绝缘区，而是表示透光区或不透光区。黑的区域表示不透光区，用"0"表示；白的区域表示透光区，用"1"表示。因此，在任意角度都有"1""0"组成的二进制代码。与接触式编码器不同的是，此种光电编码器的码道圈数就是二进制位数，而没有最里面公用的一圈，同时，取代电刷的是在每一码道上都有一组光电元件。这样，不论编码器随工作轴转到哪一角度位置，由于此径向各码道的透光和不透光，使与之对应的各光敏元件受光的输出"1"电平，不受光的输出"0"电平。被测工作轴带动码盘旋转时，光电管输出的信息就代表了轴的对应位置，即绝对位置。

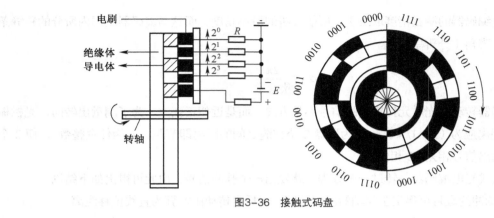

图3-36　接触式码盘

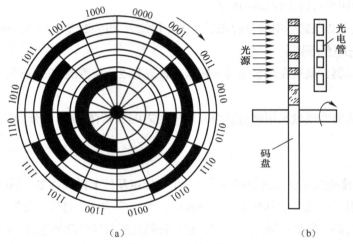

（a）　　　　　　　　　　　　　（b）

图3-37　光电编码器

（3）绝对式光电编码器的特点

① 可以直接读出角度坐标的绝对值。

② 没有累积误差。

③ 电源切除后位置信息不会丢失。

④ 允许的最高旋转速度比增量式编码器高。

但是，为了提高读数精度和分辨率，必须提高通道（即二进制位数），使构造变得复杂，价格较贵。

3. 编码器在数控机床中的应用

（1）位移测量

编码器在数控机床中用于工作台或刀架在直线位移测量时有 2 种安装方式：一是和伺服电动机同轴连接在一起，伺服电动机再和滚珠丝杠连接，编码器在进给传动链的前端，如图 3-38（a）所示；二是编码器连接在滚珠丝杠末端，如图 3-38（b）所示。由于后者包含的进给传动链误差比前者的多，因此在半闭环伺服系统中，后者的位置控制精度比前者高。

在数控回转工作台中，通过在回转轴末端安装编码器，可直接测量回转工作台的角度位移。

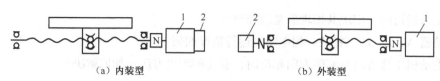

（a）内装型　　　　　　　　　　　　（b）外装型

图 3-38　编码器的安装方式
1—伺服电动机；2—编码器

（2）螺纹加工控制

在螺纹加工中，为了保证切削螺纹的螺距，必须有固定的起刀点和退刀点。安装在主轴上的光电编码器就可解决主轴旋转与坐标轴进给的同步控制，保证主轴每转一周，刀具准确移动一个导程。另外，一般螺纹加工要经过几次切削才能完成，为了保证重复切削不乱牙，每次重复切削时，开始进刀的位置必须相同，数控系统在接收到光电编码器中的一转脉冲后才开始螺纹切削的计算。

（3）测速

光电编码器输出脉冲的频率与其转速成正比，因此，光电编码器可代替测速电动机的模拟测速而成为数字测速装置。

3.5 项目训练——熟悉伺服驱动系统的工作过程

1. 项目训练的目的与要求

（1）了解伺服驱动系统的应用和工作原理。

（2）掌握伺服驱动系统的安装、接线和调试。

（3）掌握伺服驱动系统的一般故障检修方法。

2. 项目训练的仪器与设备

（1）伺服驱动系统、伺服电动机、变压器、导线若干。

（2）万用表、示波器。

（3）数控车床本体。

3. 项目训练的内容

（1）分析图 3-39 所示驱动轴的信号连接（以 X 轴为例）。

（2）根据图 3-39，完成伺服驱动装置的安装。

（3）根据图 3-39，完成对伺服驱动装置的调试。

4. 项目训练的报告

完成如图 3-39 所示伺服系统接线中出现的相关问题。

（1）驱动缺少脉冲是什么现象？缺少方向信号是什么现象？

（2）在正常运行时，出现共振现象是故障吗？

（3）驱动器 A、B、C 三相缺一相电动机运行情况如何？

（4）当电动机工作方向与实际方向相反时，有几种解决方法？如何解决？

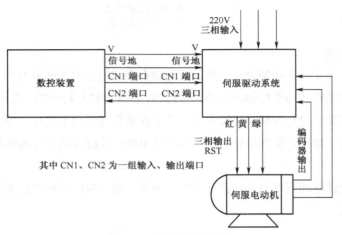

图3-39　伺服系统接线图

5. 项目案例：伺服驱动过程中的共振实验

（1）参数初始化设定

按照伺服操作说明书"参数初始设定功能"，先按"MODE"进入"Fn000"窗口，用▲▼键拨到"F010"，再按"DATA SET"长按 1s，出现"UnLoc"→"MODE"→"UnLoc"→"donE"→"Loc"→"DATA SET"→"F010"→"F009"→"DATA SET"→"P1n1E"→"DATA SET"→"F009"。

（2）伺服参数设定

按照伺服操作说明书"参数设定功能"，先按"MODE"进入"Pn000"窗口，用▲▼键按表 3-2进行数据的调整。

表 3-2　　　　　　　　　　　数据调整参照表

序　号	调整内容	调整数据	备　注
1	Pn01	60	速度控制增益
2	Pn02	3	速度补偿响应
3	Pn10	0000	控制模式
4	Pn11	0010	刹车、超速
5	Pn12	1011	加减速方式
6	Pn13	0000	脉冲接受类型
7	Pn27	50	直线减速时间
8	Pn28	50	加减速时间
9	Pn41	4	电流时间常数
10	Pn43	100～300	电流积分增益

然后调到 Fn004，按下"DATA"按钮，再按下"MODE"进行设定数据存储。再调到 Fn002，选择点动方式。

（3）共振实验

① 按照伺服操作说明书"参数设定功能"，先按"MODE"进入"Sn000"窗口，用▲▼键拨到"Pn001"设定为"100"，"Pn002"设定为"100"。在 JOG 方式下，让电动机运行，看运行情况是否平滑？如果平滑，让"Pn0001"参数不断增大，直到电动机运行起来，有"吱吱"声音，这就出来了共振现象。

② 在 JOG 方式下，在不同的倍率下，点动各方向键，看各个轴倍率开关在多少时声音最大，产生共振。不断调整"Pn001"和"Pn002"，仔细查看电动机运行情况。

本章介绍了数控机床的进给伺服系统，重点讨论了开环伺服系统、闭环伺服系统和半闭环伺服系统，伺服驱动电动机和数控机床的位置检测装置。

通过本章的学习，要求掌握以下内容。

（1）数控机床伺服系统的定义、组成及基本要求；开环进给伺服系统的组成，步进电动机的工作原理，步进电动机的主要特性。

（2）闭环伺服系统的组成、应用特点；常用驱动元件的应用及其速度调节。

（3）数控机床的位置检测装置的要求及其分类；常见位置检测装置的工作原理、应用特点。

1. 简述步进电动机的工作原理和特性。

2. 数控机床的伺服驱动系统应满足哪些要求？为什么？

3. 什么是开环、半闭环和闭环伺服系统？各有什么特点？

4. 数控机床常用位置检测装置有哪些？各有何应用特点？

5. 试述感应同步器和旋转变压器的工作原理，并说明它们在应用上有什么不同。

Chapter 4

第4章
| 数控机床的机械结构 |

数控机床的机械结构是数控机床的主机部分，它包括主传动系统、进给传动系统、自动换刀系统、支承系统和辅助装置等，由传动件、轴系、转动部件、移动部件、支承件及导轨等构成。数控机床是高精度和高效率的自动化机床，其加工过程中的顺序、运动部件的坐标位置及辅助功能，都是通过数字信息自动控制的，操作者在加工过程中无法干预，不能像在普通机床上加工零件那样对机床本身的结构和装配的薄弱环节进行人为补偿，所以数控机床几乎在任何方面均要求比普通机床设计得更为完善，制造得更为精密。

认识数控机床的机械结构

1. 熟悉数控车床的机械结构

熟悉数控车床机械结构的组成、特点及工作性能，对操作或维护数控机床有直接的指导意义。

图 4-1 所示为去掉防护装置的数控车床，组成数控车床的主要部件有主轴单元、回转刀架、滚珠丝杠副、滚动导轨副及防护装置等。

2. 熟悉加工中心的机械结构

熟悉加工中心机械结构的组成、特点及工作性能，对操作或维护数控机床有直接的指导意义。

图 4-2 所示为去掉防护装置的卧式加工中心，组成卧式加工中心的主要部件有主轴单元、滚珠丝杠副、回转工作台、刀库、机械手及防护装置等。

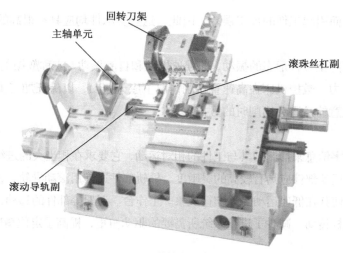

主轴单元　回转刀架　滚珠丝杠副　滚动导轨副

图4-1　数控车床的组成

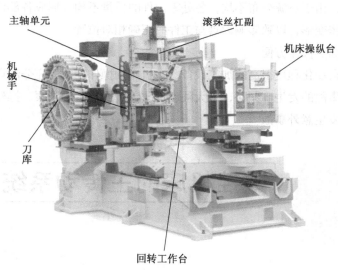

主轴单元　滚珠丝杠副　机床操纵台　机械手　刀库　回转工作台

图4-2　数控铣床的组成

4.2　数控机床机械结构的特点

（1）静刚度和动刚度高

机床刚度是指在切削力和其他力的作用下，抵抗变形的能力。数控机床要在高速和重负荷条件下工作，机床床身、底座、立柱、工作台和刀架等支承件的变形都会直接或间接地引起刀具和工件之间的相对位移，从而引起工件的加工误差。因此，这些支承件均应具有很高的静刚度和动刚度。

（2）抗振性高

机床工作时可能产生2种形态的振动，即强迫振动和自激振动（或称颤振）。机床的抗振性是指抵抗这2种振动的能力。数控机床在高速重切削情况下应无振动，以保证加工工件的高精度和高的表面质量，特别要注意的是避免切削时的颤振。

（3）灵敏度高

数控机床通过数字信息来控制刀具与工件的相对运动，它要求在相当大的进给速度范围内都能达到较高的精度，因而运动部件应具有较高的灵敏度。导轨部件通常用滚动导轨、塑料导轨、静压导轨等，以减少摩擦力，使其在低速运动时无爬行现象。工作台、刀架等部件的移动，由交流或直流伺服电机驱动，经滚珠丝杠传动，减少了进给系统所需的驱动扭矩，提高了定位精度和运动平稳性。

（4）热变形小

引起机床热变形的热源主要是机床的内部热源，如电动机发热、摩擦热和切削热等。热变形是影响加工精度的原因，由于热源分布不均，各处零部件的质量不均，形成各部位的温升不一致，从而产生不均匀的热膨胀变形，以致影响刀具与工件的正确相对位置。

（5）自动化程度高、操作方便

数控机床是一种自动化程度很高的加工设备，在机床的操作性方面充分注意了机床各部分运动的互锁能力，以防止事故的发生。同时，最大限度地改善了操作者的观察、操作和维护条件，设有紧急停车装置，避免发生意外事故。

 ## 数控机床的主传动系统

4.3.1　数控机床主传动的特点

与普通机床比较，数控机床主传动系统具有下列特点。

① 转速高、功率大。它能使数控机床进行大功率切削和高速切削，实现高效率加工。

② 具有较大的调速范围，并能实现无级调速，使切削加工时能选用合理的切削用量，从而获得最佳的生产率、加工精度和表面质量。

③ 具有较高的精度与刚度，传动平稳，噪声低。

④ 良好的抗振性和热稳定性。

⑤ 为实现刀具的快速及自动装卸，主轴上还必须设计有刀具自动装卸、主轴定向停止和主轴孔内的切屑清除装置。

4.3.2　数控机床主轴的变速方式

数控机床的主运动要求具有较宽的调速范围，以保证在加工时能选用合理的切削用量，获得最佳的表面加工质量、精度和生产率。大多数数控机床采用无级变速系统。数控机床主传动系统主要有以下几种配置方式，如图 4-3 所示。

（1）有变速齿轮的方式

如图 4-3（a）所示，通过少数几对齿轮降速，扩大了输出扭矩，以满足主轴低速时对输出扭矩特性的要求。滑移齿轮的移位大都采用液压缸加拨叉，或者直接由液压缸带动齿轮来实现；大、中型数控机床采用这种变速方式。

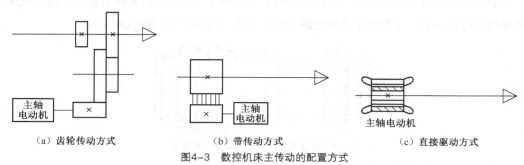

（a）齿轮传动方式　　　　　（b）带传动方式　　　　　（c）直接驱动方式

图4-3　数控机床主传动的配置方式

（2）通过带传动的方式

如图 4-3（b）所示，这种传动主要应用于转速较高、变速范围不大的机床。电动机本身的调速就能够满足要求，不用齿轮变速，可以避免由齿轮传动时引起的振动与噪声。它适用于高速、低转矩特性要求的主轴。

常用的带有三角带和同步带。

同步带传动是数控机床上应用较多的一种传动结构，它可以避免齿轮传动时引起的振动和噪声。同步带的传动结构如图 4-4 所示，同步带的工作面及带轮外圆上均制成齿形，工作时，带齿与带轮的轮槽相啮合，它综合了齿轮传动、带传动和链传动的优点。如图 4-4（a）所示，同步带内采用的弹力层是承载后无弹性伸长的材料，以保持带的节距不变，使主、从动带轮可作无相对滑动的同步传动。

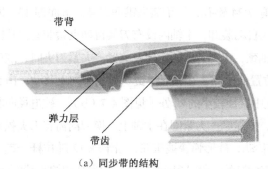

（a）同步带的结构　　　　　　　　　　（b）同步带的传动结构

图4-4　同步带传动

（3）由调速电动机直接驱动方式

如图4-3（c）所示，这种主传动方式大大简化了主轴箱体与主轴的结构，有效地提高了主轴部件的刚度，但主轴输出扭矩小，电动机发热对主轴影响较大。

4.3.3 主轴部件

1. 数控机床的主轴轴承配置形式

（1）适应高刚度要求的轴承配置形式

如图4-5所示，前支承由双列向心短圆柱滚子轴承和推力向心球轴承组成，前者主要承受径向载荷，后者主要承受轴向载荷；后支承用双列向心短圆柱滚子轴承。这种配置形式是数控机床主轴结构中刚性最好的一种，主要用于大中型卧式加工中心主轴和强力切削机床主轴。

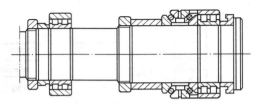

图4-5 适应高刚度要求的轴承配置形式

（2）适应高速度要求的轴承配置形式

如图4-6所示，前支承采用3个角接触球轴承组合，后支承采用2个角接触球轴承。这种配置形式适合高速运动的数控机床。

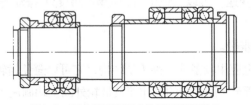

图4-6 适应高速度要求的轴承配置形式

2. 刀具自动装卸及切屑清除装置

在带有刀具库的数控机床中，主轴部件除具有较高的精度和刚度外，还带有刀具自动装卸和主轴孔内的切削清除装置。如图4-7所示，主轴前端有7:24锥孔，用于装夹锥柄刀具。端面键13，既做刀具定位用，又可通过它传递扭矩。为了实现刀具的自动装卸，主轴内设有刀具自动夹紧装置。从图中可看出，该机床是由拉紧机构拉紧锥柄刀夹尾端的轴颈，实现刀夹的定位及夹紧。夹紧刀夹时，液压缸上腔接通回油，弹簧11推活塞6上移，处于图示位置，拉杆4在碟形弹簧5作用下向上移动；由于此时装在拉杆前端径向孔中的4个钢球12进入主轴孔中直径较小的d_2处［见图4-7（b）］，被迫径向收拢而卡进拉钉2的环形凹槽内，因而刀杆被拉杆拉紧，依靠摩擦力紧固在主轴上。换刀前需将刀夹松开时，压力油进入液压缸上腔，活塞6推动拉杆4向下移动，碟形弹簧被压缩；当钢球12随拉杆一起下移至进入主轴孔中直径较大的d_1处时，它就不能再约束拉钉的头部，紧接着拉杆前端内孔的抬肩端面碰到拉钉，把刀夹顶松。此时行程开关10发出信号，换刀机械手随即将刀夹取下。与此同时，压缩空气由管接头9

经活塞和拉杆的中心通孔吹入主轴装刀孔内，把切屑或脏物清除干净，以保证刀具的装夹精度。机械手把新刀装上主轴后，液压缸 7 接通回油，碟形弹簧又拉紧刀夹。刀夹拉紧后，行程开关 8 发出信号。

自动清除主轴孔中的切屑和尘埃是换刀操作中的一个不容忽视的问题。如果在主轴锥孔中掉进了切屑或其他污物，在拉紧刀杆时，主轴锥孔表面和刀杆的锥柄就会被划伤，使刀杆发生偏斜，破坏刀具的正确定位，影响加工零件的精度，甚至使零件报废。为了保证主轴锥孔的清洁，常用压缩空气吹屑。图 4-7（a）中活塞 6 的心部钻有压缩空气通道，当活塞向左移动时，压缩空气经拉杆 4 吹出，将锥孔清理干净。喷气小孔设计有合理的喷射角度，并均匀分布，以提高吹屑效果。

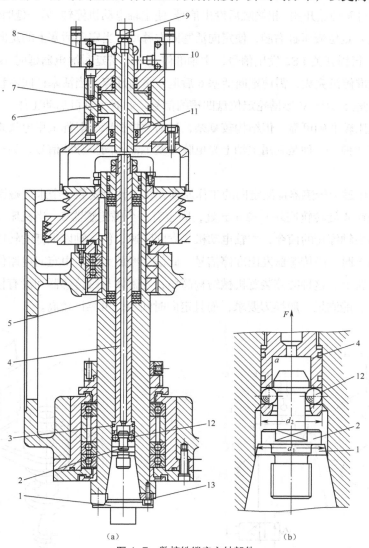

图 4-7　数控铣镗床主轴部件
1—刀架；2—拉钉；3—主轴；4—拉杆；5—碟形弹簧；6—活塞；7—液压缸；
8、10—行程开关；9—压缩空气管接头；11—弹簧；12—钢球；13—端面键

3. 主轴准停装置

具有自动换刀装置的数控机床，主轴部件设有准停装置，其作用是使主轴每次都准确地停止在

固定的周向位置上，以保证换刀时主轴上的端面键能对准刀夹上的键槽，同时使每次装刀时刀夹与主轴的相对位置不变，提高刀具的重复安装精度，从而提高孔加工时孔径的一致性。主轴准停装置有机械方式和电气方式 2 种。

图 4-8 所示为 V 形槽轮定位盘准停装置，在主轴上固定一个 V 形槽定位盘，使 V 形槽与主轴上的端面键保持所需的相对位置关系。工作原理为准停前主轴必须是处于停止状态，当接收到主轴准停指令后，主轴电动机以低速转动，主轴箱内齿轮换挡使主轴以低速旋转，时间继电器开始动作，并延时 4～6 s，保证主轴转稳后接通无触点开关 1 的电源。当主轴转到图示位置，即 V 形槽轮定位盘 3 上的感应块 2 与无触点开关 1 相接触后发出信号，使主轴电动机停转。另一延时继电器延时 0.2～0.4 s 后，压力油进入定位液压缸右腔，使定向活塞向左移动，当定向活塞上的定向滚轮 5 顶入定位盘的 V 形槽内时，行程开关 LS2 发出信号，主轴准停完成。若延时继电器延时 1s 后行程开关 LS2 仍不发信号，说明准停没完成，需使定向活塞 6 后退，重新准停。当活塞杆向右移到位时，行程开关 LS1 发出定向滚轮 5 退出 V 形槽轮定位盘凹槽的信号，此时主轴可启动工作。

机械准停装置比较准确可靠，但结构较复杂，目前数控机床一般都采用电气式主轴准停装置。常用的电气方式有 2 种，一种是利用主轴上光电脉冲发生器的同步脉冲信号，另一种是用磁力传感器检测定向。

图 4-9 所示为用磁力传感器检测定向的工作原理，在主轴上安装一个永久磁铁 4 与主轴一起旋转，在距离永久磁铁 4 旋转轨迹外 1～2 mm 处，固定有一个磁传感器 5，当机床主轴需要停车换刀时，数控装置发出主轴停转的信令，主轴电动机 3 立即降速，使主轴以很低的转速回转，当永久磁铁 4 对准磁传感器 5 时，磁传感器发出准停信号。此信号经放大后，由定向电路使电动机准确地停止在规定的周向位置上。这种准停装置机械结构简单，发磁体与磁传感器间没有接触摩擦，准停的定位幅度可达±1°，能满足一般换刀要求，而且定向时间短，可靠性较高。

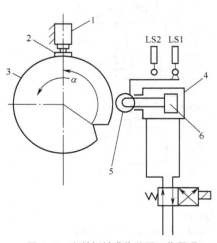 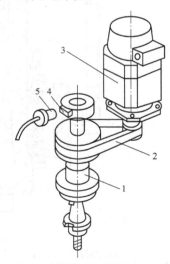

图 4-8　主轴机械准停装置工作原理
1—无触点开关；2—感应块；3—定位盘；
4—定位液压缸；5—定向滚轮；6—定向活塞

图 4-9　主轴电气准停装置工作原理
1—主轴；2—同步感应器；3—主轴电动机
4—永久磁铁；5—磁传感器

数控机床进给传动系统

4.4.1　数控机床进给传动的特点

数控机床的进给传动是数字控制的直接对象，不论点位控制还是轮廓控制，工件的最后坐标精度和轮廓精度都受进给传动的传动精度、灵敏度和稳定性的影响。为此，数控机床的进给系统一般具有以下特点。

（1）摩擦阻力小

为了提高数控机床进给系统的快速响应性能和运动精度，必须减小运动件间的摩擦阻力和动、静摩擦力之差。为满足上述要求，在数控机床进给系统中，普遍采用滚珠丝杠螺母副、静压丝杠螺母副、滚动导轨、静压导轨和塑料导轨。与此同时，各运动部件还考虑有适当的阻尼，以保证系统的稳定性。

（2）传动精度和刚度高

进给传动系统的传动精度和刚度，从机械结构方面考虑主要取决于传动间隙以及丝杠螺母副、蜗轮蜗杆副及其支承结构的精度和刚度。传动间隙主要来自传动齿轮副、蜗轮副、丝杠螺母副及其支承部件之间，因此进给传动系统广泛采取施加预紧力或其他消除间隙的措施。缩短传动链和在传动链中设置减速齿轮，也可提高传动精度。加大丝杠直径，以及对丝杠螺母副、支承部件、丝杠本身施加预紧力是提高传动刚度的有效措施。

（3）运动部件惯量小

运动部件的惯量对伺服机构的启动和制动特性都有影响，尤其是处于高速运转的零、部件。因此，在满足部件强度和刚度的前提下，尽可能减小运动部件的质量，减小旋转零件的直径和质量，以减小运动部件的惯量。

（4）无间隙

为了提高位移精度，减少传动误差，首先要提高各种机械部件的精度，其次要尽量消除各种间隙，如联轴器、齿轮副、滚珠丝杠副及其支承部件等均采取消除间隙的结构。

4.4.2　滚珠丝杠螺母副

滚珠丝杠螺母副是回转运动与直线运动相互转换的新型传动装置。

1. 滚珠丝杠螺母副的工作原理、分类和特点

图 4-10 所示为滚珠丝杠螺母副的结构。

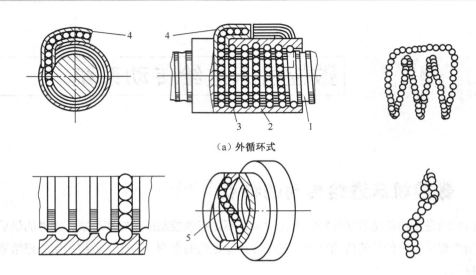

（a）外循环式

（b）内循环式

图4-10 滚珠丝杠副的结构

1—丝杠；2—螺母；3—滚珠；4—回珠管；5—反向器

（1）滚珠丝杠螺母副的工作原理

在丝杠1和螺母2上都加工有圆弧形的螺旋槽，套装后就形成了螺旋滚道，在滚道内装满滚珠3，当丝杠相对螺母旋转时，两者发生轴向位移，滚珠沿螺旋槽向前滚动，滚过数圈以后通过回程引导装置，逐个地又滚回到丝杠和螺母之间，构成一个闭合的回路，使丝杠与螺母之间的滑动摩擦转变为滚珠与丝杠、螺母之间的滚动摩擦。

（2）滚珠丝杠螺母副的分类

按照滚珠返回的方式不同分为内循环式和外循环式。

图4-10（a）所示为外循环式。外循环式中螺母旋转槽的两端由回珠管4连接，返回的滚珠与丝杠脱离接触。这种形式结构简单、工艺性好、承载能力较大、应用广泛，但径向尺寸较大。

图4-10（b）所示为内循环式。内循环式中有反向器5，滚珠经过反向器反向，使滚珠越过丝杠牙顶进入相邻滚道，滚珠始终与丝杠接触。这种形式结构紧凑、刚性好、滚珠流通性好、摩擦损失小，但制造工艺较困难，适用于高灵敏度、高精度的进给系统。

（3）滚珠丝杠螺母副的特点

滚珠丝杠螺母副具有以下优点。

① 传动效率高。传动效率可达92%～98%，所需传动转矩小。

② 摩擦力小。灵敏度高，传动平稳，不易产生爬行，随动精度和定位精度高。

③ 使用寿命长。磨损小，精度保持性好。

④ 刚度高。提高轴向刚度和反向精度。

⑤ 运动具有可逆性。不仅可以将旋转运动变为直线运动，也可将直线运动变为旋转运动。

滚珠丝杠螺母副具有如下缺点。

① 制造工艺复杂，成本高。

② 在垂直安装时不能自锁，因而需附加制动机构。

2. 滚珠丝杠螺母副轴向间隙调整

滚珠丝杠螺母副的传动间隙是轴向间隙。轴向间隙通常是指丝杠和螺母无相对转动时，丝杠和螺母之间的最大轴向窜动量。为了保证反向传动精度和轴向刚度，必须消除轴向间隙。消除间隙的方法常采用双螺母结构，即利用 2 个螺母的相对轴向位移，使 2 个滚珠螺母中的滚珠分别贴紧在螺旋滚道的 2 个相反的侧面上。

常用的双螺母丝杠消除间隙的方法有以下几种。

（1）垫片调隙式

如图 4-11 所示，调整垫片厚度使左右两螺母产生轴向位移，即可消除间隙和产生预紧力。这种方法结构简单、刚性好，但调整不方便，滚道有磨损时不能随时消除间隙和进行预紧。

（2）齿差调隙式

如图 4-12 所示，在 2 个螺母的凸缘上各制有圆柱外齿轮，分别与固紧在套筒两端的内齿圈相啮合，其齿数分别为 Z_1 和 Z_2，并相差 1 个齿。调整时，先取下内齿圈，让 2 个螺母相对于套筒同方向都转动一个齿，然后再插入内齿圈，则 2 个螺母便产生相对角位移，其轴向位移量 $S = (1/Z_1 - 1/Z_2)t$。例如，$Z_1 = 80$、$Z_2 = 81$，滚珠丝杠的导程为 $t = 6\ \text{mm}$ 时，$S = 6/6\ 480 \approx 0.001\ \text{mm}$。这种调整方法能精确调整预紧量，调整方便、可靠，但结构尺寸较大，多用于高精度的传动。

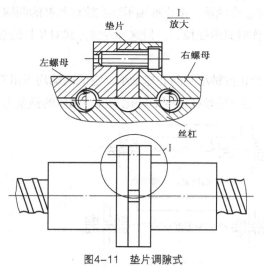

图4-11　垫片调隙式

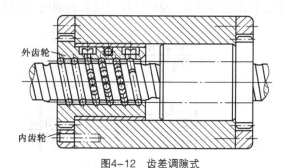

图4-12　齿差调隙式

（3）螺纹调隙式

如图 4-13 所示，左螺母外端有凸缘，右螺母外端没有凸缘而制有螺纹，并用 2 个圆螺母 1、2 固定，用平键限制螺母在螺母座内的转动。调整时，只要拧动圆螺母 1 即可消除间隙并产生预紧力，然后用螺母 2 锁紧。这种调整方法具有结构简单、工作可靠、调整方便的优点，但预紧量不很准确。

3. 滚珠丝杠的安装

滚珠丝杠副主要承受轴向载荷，它的径向载荷主要是丝杠的自重，因此数控机床的进给系统要获得较高传动刚度，除了加强滚珠丝杠副本身的刚度外，滚珠丝杠的正确安装及支承结构的刚度也是不可忽视的因素。滚珠丝杠的支承方式有以下几种，如图4-14所示。

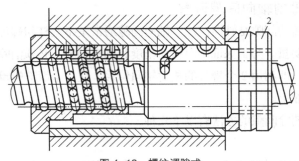

图4-13　螺纹调隙式
1、2—锁紧螺母

图 4-14（a）所示为一端固定、一端自由的支承形式。固定端安装一对推力轴承。其特点是结构简单，承载能力小，轴向刚度和临界转速都较低，故在设计时应尽量使丝杠受拉伸。此种方式适用于行程小的短丝杠，如用于数控机床的调节环节或升降台铣床的垂直坐标进给机构。

图 4-14（b）所示为一端固定、一端浮动的支承形式。固定端安装一对推力轴承，另一端安装向心球轴承。当热变形造成丝杠伸长时，一端固定，另一端能作微量的轴向浮动，减少丝杠热变形的影响。此种方式用于丝杠较长或卧式丝杠的情况。

图 4-14（c）所示为两端固定的支承形式。两端装止推轴承，把止推轴承装在滚珠丝杠的两端，并施加预紧力，这样可以提高轴向刚度，而且丝杠工作时只承受拉力，但这种安装方式对丝杠的热变形较为敏感。此种方式适用于丝杠较长的情况。

图 4-14（d）所示为两端固定的支承形式。两端装止推轴承及向心球轴承，它的两端均采用双重支承并施加预紧，使丝杠具有较大的刚度。这种方式还可使丝杠的变形转化为推力轴承的预紧力。

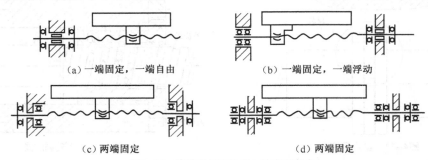

（a）一端固定，一端自由　　　（b）一端固定，一端浮动

（c）两端固定　　　　　　　（d）两端固定
图4-14　滚珠丝杠在机床上的支承方式

滚珠丝杠副也可用润滑剂来提高耐磨性及传动效率。滚珠丝杠副和其他滚动摩擦的传动元件一样，应避免硬质灰尘或切屑污物进入，所以都带有防护装置。

4.4.3　传动齿轮间隙调整机构

数控机床的机械进给装置中常采用齿轮传动副来降低转速。由于齿轮传动必须有一定的齿侧间隙才能正常地工作，但是齿侧间隙会造成进给系统的反向滞后，齿侧间隙会造成进给反向时丢失指令脉冲，并产生反向死区从而影响加工精度，也会影响闭环系统的稳定性。因此，齿轮传动副常采用各种调整间隙的措施，以尽量减少齿侧间隙。

1．直齿圆柱齿轮传动间隙的调整

（1）偏心套调整法

图 4-15 所示为最简单的偏心轴套式消除间隙结构。电动机通过偏心套 2 装到壳体上，通过转动偏心套就能够使电动机的中心轴线的位置上移，而从动齿轮轴线位置不变，所以相互啮合的 2 个齿轮的中心距减小，从而方便地消除齿侧间隙。

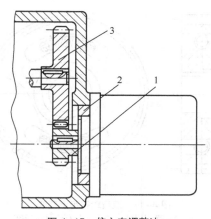

图 4-15　偏心套调整法

1—小齿轮；2—偏心套；3—大齿轮

（2）轴向垫片调整法

如图 4-16 所示，在加工相互啮合的 2 个齿轮 1、2 时，将分度圆柱面制成带有小锥度的圆锥面，使齿轮齿厚在轴向稍有变化，装配时只需改变垫片 3 的厚度，使齿轮 2 作轴向移动，调整两齿轮在轴向的相对位置即可达到消除齿侧间隙的目的。

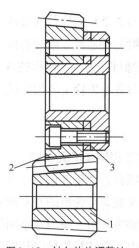

图 4-16　轴向垫片调整法

1—小齿轮；2—大齿轮；3—垫片

上述2种方法的特点是结构比较简单、传动刚度好、能传递较大的动力，但齿轮磨损后齿侧间隙不能自动补偿。因此，加工时对齿轮的齿厚及齿距公差要求较严，否则传动的灵活性将受到影响。

（3）双齿轮错齿调整法

如图4-17所示，2个齿数相同的薄片齿轮1、2与另一个宽齿轮啮合。薄片齿轮1、2套装在一起，并可作相对回转运动。每个薄片齿轮上分别开有周向圆弧槽，并在薄片齿轮1、2的槽内压有装弹簧的圆柱销3，由于弹簧4的作用使薄片齿轮1、2错位，分别与宽齿轮的齿槽左、右侧贴紧，所以消除了齿侧间隙。

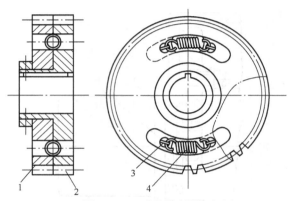

图4-17　双齿轮错齿调整法
1、2—薄片齿轮；3—圆柱销；4—弹簧

这种调整法方法结构较复杂、传动刚度低、不宜传递大扭矩，但它对齿轮的厚度和齿距要求较低，可始终保持齿侧无间隙啮合，尤其适用于检测装置。

2. 斜齿圆柱齿轮传动间隙的调整

（1）轴向垫片调整法

如图4-18所示，宽斜齿轮1同时与2个相同齿数的薄片斜齿轮3和4啮合，薄片斜齿轮经平键与轴连接。薄片斜齿轮3和4间加厚度为 t 的垫片2，用螺母拧紧，使两齿轮3和4的螺旋线产生错位，两齿面分别与宽斜齿轮1的齿面贴紧消除间隙。

（2）轴向压簧调整法

如图4-19所示，薄片斜齿轮1和2用键4滑套在轴上，薄片斜齿轮1和2同时与宽斜齿轮7啮合，螺母5调节弹簧3，使薄片斜齿轮1和2的齿侧分别贴紧宽斜齿轮槽的左右两侧，消除了间隙。弹簧压力的大小调整应适当，压力过小则起不到消除间隙的作用，压力过大会使齿轮磨损加快，缩短使用寿命。齿轮内孔有较长的导向长度，因而轴向尺寸较大，结构不紧凑。这种方法的优点是可以自动补偿间隙。

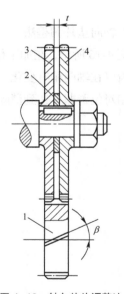

图4-18　轴向垫片调整法
1—宽斜齿轮；2—垫片；3、4—薄片斜齿轮

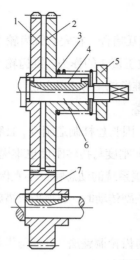

图 4-19 轴向压簧调整法
1、2—薄片斜齿轮；3—弹簧；4—键；5—螺母；6—轴；7—宽斜齿轮

3. 锥齿轮传动间隙的调整

（1）周向弹簧调整法

如图 4-20 所示，将大锥齿轮加工成外齿圈 1 和内齿圈 2 两部分，外齿圈上开有 3 个圆弧槽 8，内齿圈 2 的下端面带有 3 个凸爪 4，套装在圆弧槽内，弹簧 6 的两端分别顶在凸爪 4 和镶块 7 上，使内、外齿圈 2、1 的锥齿轮错位，与小圆锥齿轮 3 啮合达到消除间隙的目的。螺钉 5 将内、外齿圈相对固定是为了安装方便，安装完毕即可卸去。

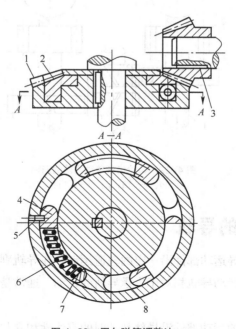

图 4-20 周向弹簧调整法
1、2—大齿轮外、内圈；3—小圆锥齿轮；4—凸爪；5—螺钉；6—弹簧；7—镶块；8—圆弧槽

（2）轴向弹簧调整法

如图 4-21 所示，锥齿轮 1 和 2 相互啮合。在安装锥齿轮 1 的传动轴 5 上装有压簧 3，用螺母 4 调整压簧 3 的弹力。锥齿轮 1 在弹簧力的作用下沿轴向移动，可消除锥齿轮 1 和 2 的间隙。

4. 齿轮齿条传动间隙的调整

大型数控机床不宜采用丝杠传动，因长丝杠制造困难，且容易弯曲下垂，影响传动精度；同时，轴向刚度与扭转刚度也难提高。如加大丝杠直径，因转动惯量增大，伺服系统的动态特性不宜保证，故常用齿轮齿条副传动。采用齿轮齿条副传动时，必须采取措施消除齿侧间隙。

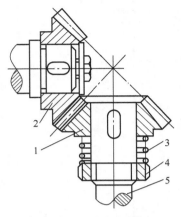

图 4-21　轴向弹簧调整法
1、2—锥齿轮；3—压簧；
4—螺母；5—传动轴

当传动负载小时，也可采用双片薄齿轮调整法，分别与齿条齿槽的左、右两侧贴紧，从而消除齿侧间隙。

当传动负载大时，可采用双厚齿轮传动的结构，图 4-22 所示为这种消除间隙方法的原理图。进给运动由轴 5 输入，该轴上装有 2 个螺旋线方向相反的斜齿轮，当在轴 5 上施加轴向力 F 时，能使斜齿轮产生微量的轴向移动。此时，轴 1 和轴 4 便以相反的方向转过微小的角度，使齿轮 2 和 3 分别与齿条齿槽的左、右侧面贴紧而消除了间隙。

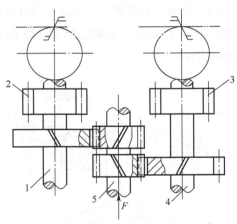

图 4-22　齿轮齿条传动间隙的消除
1、4、5—轴；2、3—直齿轮

4.4.4　数控机床的导轨

导轨主要用来支承和引导运动部件沿一定的轨道运动。在导轨副中，运动的一方叫运动导轨，不动的一方叫作支承导轨。运动导轨相对于支承导轨的运动，通常是直线运动或回转运动。

1. 对导轨的要求

① 导向精度高。指机床的运动部件沿导轨移动时的直线性和它与有关基面之间的相互位置的精确程度高。

② 精度保持性好。指导轨在长期使用过程中保持一定的导向精度的能力好。

③ 足够的刚度。导轨受力变形会影响部件之间的导向精度和相对位置，因此要求导轨应有足够的刚度。

④ 低速运动平稳性。要使导轨的摩擦阻力小，运动轻便，低速运动时无爬行现象。

⑤ 结构简单、工艺性好。导轨要便于制造、调整和维护。

2. 滚动导轨

滚动导轨是为导轨工作面间放入滚动体，滚动体为滚珠、滚柱或滚针，使导轨面间形成滚动摩擦，摩擦系数为 0.002 5～0.005，动、静摩擦系数相差很小，几乎不受运动速度变化的影响，运动轻便灵活，可以使用油脂润滑。

（1）滚动直线导轨副

滚动直线导轨副的结构如图 4-23 所示。导轨 1 一般安装在数控机床的床身或立柱等支承面上，滑块 2 安装在工作台或滑座等移动部件上。当导轨与滑块做相对运动时，返向器 3 引导滚动体反向再进入滚道，形成连续的滚动循环运动。返向器两端装有防尘密封端盖 4，可有效地防止灰尘、切屑等进入滑块内部。导轨副的润滑通过油杯 5 注入润滑剂。

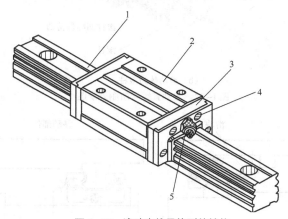

图 4-23　滚动直线导轨副的结构
1—导轨；2—滑块；3—返向器；4—防尘密封端盖；5—油杯

图 4-24 所示为滚动体为滚珠和滚柱的滚动导轨外观图。

滚动直线导轨副通常是 2 根成对使用，其组合安装形式如图 4-25 所示。图 4-25（a）所示为在同一平面内平行安装 2 根导轨副，滑块固定在机床的移动部件上，称为水平正装，这是最常用的组合安装形式。图 4-25（b）所示为把滑块作为基座，将导轨固定在机床的移动部件上，称为水平反装，根据数控机床床身及移动部件结构的需要，导轨副还可以安装在床身的两侧。图 4-25（c）所示为滑块固定在移动部件上。图 4-25（d）所示为导轨固定在移动部件上。

如图 4-26 所示，在同一平面内平行安装 2 根导轨副时，为保证 2 条导轨平行，通常把一条导轨作为基准导轨，也称为基准侧导轨。基准侧导轨和滑块的侧面均要定位，而另一侧为非基准侧，如图 4-26（a）所示，其导轨和滑块的侧面是开放的，称该组合安装形式为单导轨定位。其特点是易于安装，容易保证平行度，非基准侧对床身没有向定位面平行的要求。

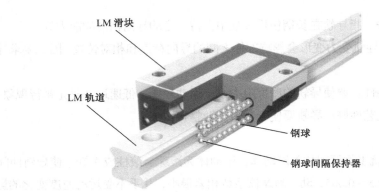

（a）滚动体为滚珠

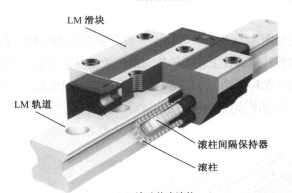

（b）滚动体为滚柱

图4-24　滚动直线导轨副外观图

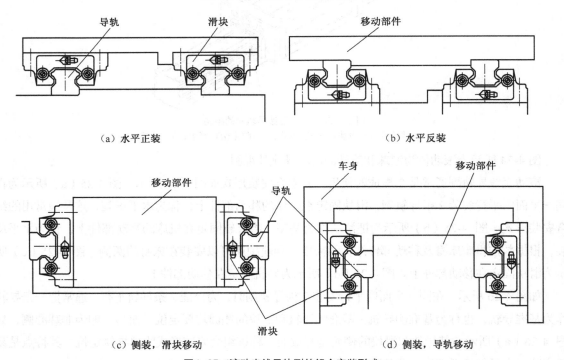

（a）水平正装　　　　　　　　　　　　　　　　（b）水平反装

（c）侧装，滑块移动　　　　　　　　　　　　　（d）侧装，导轨移动

图4-25　滚动直线导轨副的组合安装形式

如图 4-26（b）所示，非基准侧导轨的侧面也需要定位的组合安装形式，称为双导轨定位。双导轨定位适合于振动和冲击较大、精度要求较高的场合。

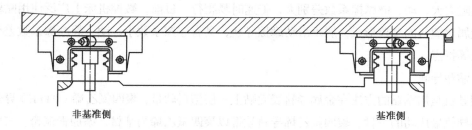

（a）单导轨定位

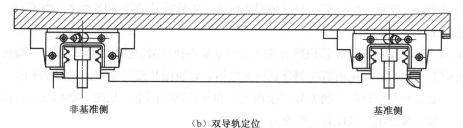

（b）双导轨定位

图4-26　单导轨定位和双导轨定位的安装形式

（2）滚动导轨块

滚动导轨块一般安装在机床的运动部件上，由标准导轨块构成的滚动导轨具有效率高、灵敏性好、寿命长、润滑简单及拆装方便等优点。

标准导轨块如图 4-27 所示，它多用于中等负荷导轨。在导轨块内有许多滚柱，作为滚动部件安装在移动部件上，当部件运动时，导轨块中的滚柱在导轨内部作循环运动。它可以用螺钉固定在移动工作台或立柱上，装卸容易，运动平稳，承载能力大且润滑、维修、调整简便，因此已广泛应用于各类数控机床和加工中心机床上。为了使导轨块获得均衡的载荷，应选择具有相同分组选号的滚动导轨块安装。

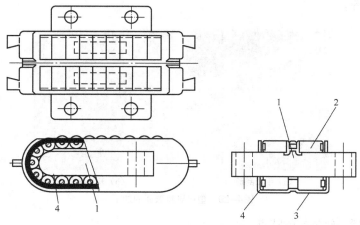

图 4-27　滚动导轨块结构图
1—中间导向；2—滚柱；3—油孔；4—保持器

3．滑动导轨

滑动导轨具有结构简单、制造方便和接触刚度大的优点。传统的滑动导轨是金属与金属相互摩擦，摩擦阻力大，动、静摩擦系数差别大，低速时易爬行。目前，数控机床上广泛使用贴塑导轨，是一种金属对塑料的摩擦形式，属于滑动摩擦导轨，具有摩擦系数小，动、静摩擦系数差很小，使用寿命长等特点。

（1）贴塑导轨

贴塑导轨是用粘贴的方法在金属导轨表面贴上一层塑料软带，聚四氟乙烯（PTFE）导轨软带是用于塑料导轨最成功的一种。聚四氟乙烯导轨软带以聚四氟乙烯为基材，添加青铜粉、二硫化钼和石墨等高分子复合材料填充剂混合烧结，并做成软带形状。导轨软带用在导轨副的运动导轨上，在运动导轨的滑动面上贴有一层软带，与之相配的铸铁或钢质导轨的滑动面为淬火磨削面。

（2）贴塑工艺

如图 4-28 所示，塑料导轨软带应通过黏结材料粘贴在机床导轨副的短导轨面上，圆形导轨应粘贴在下导轨面上。粘贴时，先用清洗剂分别清洗被粘贴导轨面和塑料软带，并擦拭干净。如图 4-28（a）所示，将配套的黏结材料用刮刀分别涂在软带和导轨黏结面上。如图 4-28（b）所示，粘贴时从一端向另一端缓慢挤压，以便赶走气泡。

（a）清洗　　　　　　　　　　　（b）挤压气泡

图4-28　塑料导轨制作过程

如图 4-29 所示，在粘贴好的导轨面上还要进行精加工。图 4-29（a）所示为手工刮研，图 4-29（b）所示为开油槽等。

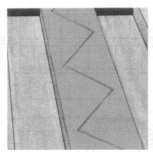

（a）手工刮研　　　　　　　　　　（b）开油槽

图4-29　塑料导轨表面的加工

（3）聚四氟乙烯导轨软带的特点

① 动、静摩擦系数差值小，低速无爬行，运动平稳，可获得较高的定位精度。

② 耐磨性好。本身具有润滑作用，且塑料质地较软，可延长导轨副的使用寿命。

③ 减振性能好。塑料具有良好的阻尼性能，其减振消声的性能对提高摩擦副的相对运动速度有很大意义。

④ 工艺性好。粘贴塑料软带可降低对金属导轨基体的硬度和表面质量的要求。

⑤ 化学稳定性好、维护修理方便、经济性好。

4. 静压导轨

静压导轨是指在 2 个相对运动导轨面之间通入具有一定压力的润滑油以后，使动导轨微微抬起，在导轨面间充满润滑油所形成的油膜，保证导轨面间在液体摩擦状态下工作，不产生磨损，精度保持性好。工作过程中，导轨面上油腔的油压随外加载荷的变化能自动调节。静压导轨多用于数控磨床。

静压导轨可分为开式和闭式 2 大类。

（1）开式静压导轨

图 4-30 所示为开式液体静压导轨工作原理图。来自液压泵的压力油，其压力为 p_0，经节流器压力降至 p_1，进入导轨的各个油腔内，借油腔内的压力将动导轨浮起，使导轨面间以一层厚度为 h_0 的油膜隔开，油腔中的油不断地穿过各油腔的封油间隙流回油箱，压力降为零。当动导轨受到外载 W 工作时，动导轨向下产生一个位移，导轨间隙由 h_0 降为 h（$h<h_0$），使油腔回油阻力增大，油腔中压力也相应增大变为 p_0（$p_0>p_1$），以平衡负载，使导轨仍在纯液体摩擦下工作。

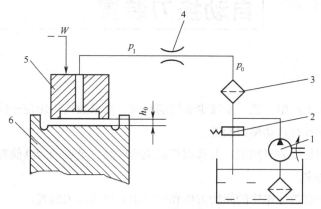

图 4-30 开式液体静压导轨工作原理
1—液压泵；2—溢流阀；3—过滤器；4—节流器；
5—运动导轨；6—床身导轨

（2）闭式静压导轨

图 4-31 所示为闭式液体静压导轨的工作原理图。闭式静压导轨各方向导轨面上都开有油腔，所以闭式导轨具有承受各方面载荷和颠覆力矩的能力。设油腔各处的压强分别为 p_1、p_2、p_3、p_4、p_5、p_6，当受颠覆力矩 M 时，p_1、p_6 处间隙变小，则 p_1、p_6 增大；p_3、p_4 处间隙变大，则 p_3、p_4 变小，这样就可形成一个与颠覆力矩呈反向的力矩，从而使导轨保持平衡。

另外，还有以空气为介质的空气静压导轨，它不仅内摩擦力低，而且还有很好的冷却作用，可减小热变形。

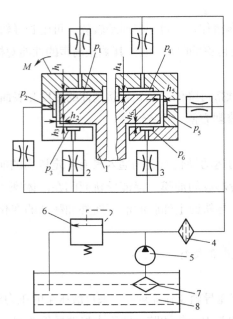

图 4-31　闭式液体静压导轨工作原理
1、2—导轨；2、3—节流器；4、7—过滤器；5—液压泵；6—溢流阀；8—油箱

自动换刀装置

为了提高数控机床生产率，进一步减少非切削时间，要求数控机床在一次装夹中完成多工序或全部工序的加工，必须具有自动换刀装置。

自动换刀装置应满足换刀时间短、刀具重复定位精度高、足够的刀具储存量、刀库占地面积小以及安全可靠等基本要求。

自动换刀装置主要有数控车床的回转刀架和加工中心自动换刀装置。

4.5.1　数控车床的回转刀架

数控车床上使用的回转刀架换刀是一种最简单的自动换刀装置。根据不同加工对象，可以设计成四方、六方、八方或十二方刀架等多种形式。回转刀架上分别安装着 4 把、6 把、8 把或 12 把刀具，并按数控装置的指令换刀。

图 4-32 所示为数控车床方刀架结构，该刀架可以安装 4 把不同的刀具。其工作过程如下。

① 刀架抬起：当数控装置发出换刀指令后，小型电动机 1 启动正转，通过平键套筒联轴器 2 使蜗杆轴 3 转动，从而带动蜗轮丝杠 4 转动。刀架体 7 内孔加工有螺纹，与丝杠连接，蜗轮与丝杠

为整体结构。当蜗轮开始转动时，由于加工在刀架底座 5 和刀架体 7 上的端面齿处在啮合状态，且蜗轮丝杠轴向固定，这时刀架体 7 抬起。

② 刀架转位：当刀架体抬至一定距离后，端面齿脱开，转位套 9 用销钉与蜗轮丝杠 4 连接，随蜗轮丝杠一同转动。当端面齿完全脱开，转位套正好转过 160°，如图 4-32（c）A—A 剖示所示，球头销 8 在弹簧力的作用下进入转位套 9 的槽中，带动刀架体转位。

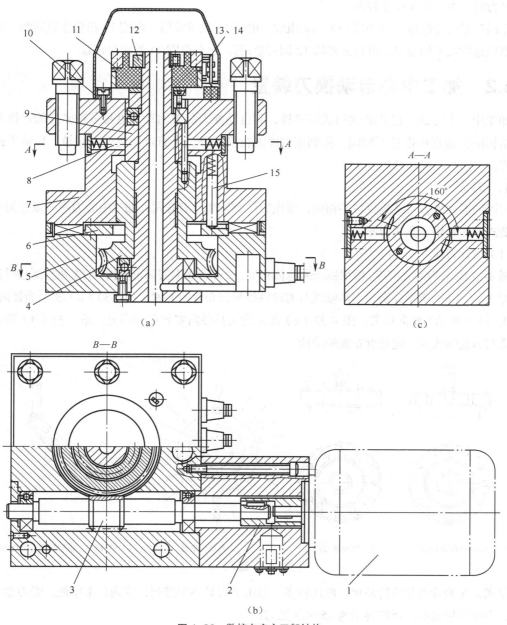

图 4-32　数控车床方刀架结构

1—电动机；2—联轴器；3—蜗杆轴；4—蜗轮丝杠；5—刀架底座；6—粗定位盘；7—刀架体；
8—球头销；9—转位套；10—电刷座；11—发信体；12—螺母；13、14—电刷；15—粗定位销

③ 刀架定位：刀架体 7 转动时带着电刷座 10 转动，当转到程序指定的刀号时，粗定位销 15 在弹簧的作用下进入粗定位盘 6 的槽中进行粗定位，同时电刷 13 接触导体使电动机 1 反转，由于粗定位槽的限制，刀架体 7 不能转动，使其在该位置垂直落下，刀架体 7 和刀架底座 5 上的端面齿啮合实现精确定位。

④ 夹紧刀架：电动机继续反转，此时蜗轮停止转动，蜗杆轴 3 自身转动。当两端面齿增加到一定夹紧力时，电动机 1 停止转动。

译码装置由发信体 11 和电刷 13、14 组成，电刷 13 负责发信，电刷 14 负责位置判断。当刀架定位出现过位或不到位时，可松开螺母 12 调好发信体 11 与电刷 14 的相对位置。

4.5.2　加工中心自动换刀装置

加工中心有立式、卧式和龙门式等多种，其自动换刀装置的形式更是多种多样的。换刀的原理及结构的复杂程度也各不相同，除利用刀库进行换刀外，还有自动更换主轴箱、自动更换刀库等形式。

1. 刀库

刀库的形式很多，结构也各不相同，根据刀库容量和取刀方式，加工中心刀库可以分为盘式刀库、链式刀库和格子盒式刀库。

（1）盘式刀库

图 4-33 所示为盘式刀库，根据机床的总体布局，盘式刀库中刀具可以按照不同的方向进行配置。图 4-33（a）、（b）所示分别为刀具轴线与刀盘轴线平行布置的刀库，图 4-33（a）所示为径向取刀，图 4-33（b）所示为轴向取刀；图 4-33（c）所示为刀具径向安装在刀库上；图 4-33（d）所示为刀具轴线与刀盘轴线成一定角度布置的结构。

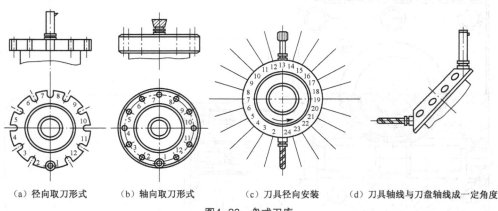

（a）径向取刀形式　　（b）轴向取刀形式　　（c）刀具径向安装　　（d）刀具轴线与刀盘轴线成一定角度

图4-33　盘式刀库

盘式刀库的特点是结构简单、应用较多，但由于刀具环形排列，空间利用率低，受刀盘尺寸的限制，刀库容量较小，通常容量为 15～32 把刀。

（2）链式刀库

图 4-34 所示为链式刀库，在环形链条上装有许多刀座，刀座的孔中装夹各种刀具，链条由链轮驱

动，链式刀库适用于刀库容量较大的场合，且多为轴向取刀。图 4-34（a）所示为单链环布局，图 4-34（b）所示为多链环布局。当链条较长时，可使链条折叠回绕，如图 4-34（c）所示，提高了空间利用率。

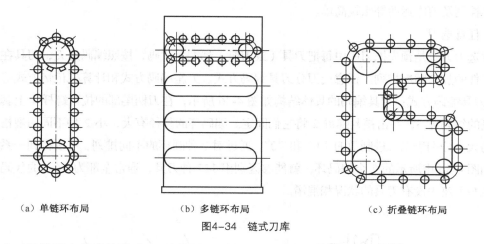

　　（a）单链环布局　　　　　　　（b）多链环布局　　　　　　　（c）折叠链环布局

图4-34　链式刀库

　　链式刀库的特点是结构紧凑、灵活性好、选刀和取刀动作简单，适于刀库容量较大的加工中心，通常容量为 30～120 把刀。

　　（3）格子盒式刀库

　　图 4-35 所示为固定型格子盒式刀库。刀具分几排直线排列，由纵、横向移动的取刀机械手完成选刀运动，将选取的刀具送到固定的换刀位置刀座上，由换刀机械手交换刀具。由于刀具排列密集，空间利用率高，刀库容量大。

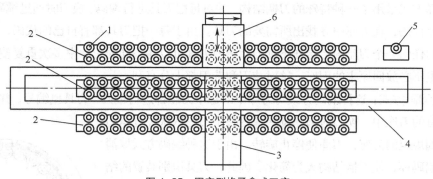

图 4-35　固定型格子盒式刀库

1—刀座；2—刀具固定板架；3—取刀机械手横向导轨；
4—取刀机械手纵向导轨；5—换刀位置刀座；6—换刀机械手

　　除此之外，还有直线式刀库、多盘式刀库等。

2. 刀具的选择方式

　　按数控装置的刀具选择指令，从刀库中挑选各工序所需要的刀具的操作称为自动选刀。常用的选刀方式有顺序选刀和任意选刀 2 种。

　　（1）顺序选刀

　　顺序选刀是在加工之前，将刀具按加工工序的顺序依次放入刀库的每一个刀座内，刀具顺序不能搞错，加工时按顺序调用刀具。更换加工工件时，刀具在刀库上的排列顺序也要改变。这种方式的缺点是同一工件上的相同的刀具不能重复使用，因此刀具的数量增加，降低了刀具和刀库的利用率，但其控制及刀库运动等比较简单。

（2）任意选刀

任意选刀方式是预先把刀库中每把刀具（或刀座）都编上代码，按照编码选刀，刀具在刀库中不必按工件的加工顺序排列。任意选刀分刀具编码方式、刀座编码方式和计算机记忆方式等。

① 刀具编码方式：刀具编码的具体结构如图4-36所示，在刀柄尾部的拉紧螺杆1上套装着一组等间隔的编码环3，并由锁紧螺母2将它们固定。编码环的外径有大、小2种不同的规格，每个编码环的大小分别表示二进制数的"1"和"0"，通过对2种圆环的不同排列，可以得到一系列的代码。例如图4-36中所示的7个编码环，就能够区别出127种刀具，通常全部为"0"的代码不许使用，以免与刀座中没有刀具的状况相混淆。

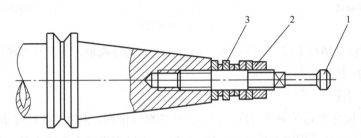

图4-36 编码刀柄示意图
1—拉紧螺杆；2—锁紧螺母；3—编码环

这种选择方式采用了一种特殊的刀柄结构，并对每把刀具进行编码。换刀时通过编码识别装置，根据换刀指令代码，在刀库中寻找出所需要的刀具。由于每一把刀具都有自己的代码，因而刀具可以放入刀库的任何一个刀座内，这样不仅刀库中的刀具可以在不同的工序中多次重复使用，而且换下来的刀具也不必放回原来的刀座，这对装刀和选刀都十分有利。

② 刀座编码方式：这种编码方式对刀库中的每个刀座都进行编码，刀具也编号，并将刀具放到与其号码相符的刀座中。换刀时刀库旋转，使各个刀座依次经过识刀器，直至找到规定的刀座，刀库便停止旋转。由于这种编码方式取消了刀柄中的编码环，使刀柄结构大为简化。因此，刀具识别装置的结构不受刀柄尺寸的限制，而且可以放在较适当的位置。另外，在自动换刀过程中，必须将用过的刀具放回原来的刀座中，增加了换刀动作。与顺序选择刀具的方式相比，刀座编码方式的突出特点是刀具在加工过程中可以重复使用。

图4-37所示为圆盘刀库的刀座编码装置。图中在圆盘的圆周上均布若干个刀座，其外侧边缘上装有相应的刀座编码块1，在刀库的下方装有固定不动的刀座识别装置2。刀座编码的识别原理与上述刀具编码原理完全相同。

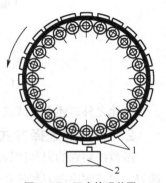

图4-37 刀座编码装置
1—编码块；2—识别装置

③ 编码附件方式：编码附件方式可分为编码钥匙、编码卡片、编码杆和编码盘等，其中应用最多的是编码钥匙。这种方式是先给各刀具都缚上一把表示该刀具号的编码钥匙，当把各刀具存放到刀库的刀座中时，将编码钥匙插进刀座旁边的钥匙孔中，这样就把钥匙的号码转记到刀座中，给刀座编上了号码。识别装置可以通过识别钥匙上的号码来选取该钥匙旁边刀座中的刀具。

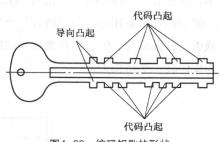

图4-38　编码钥匙的形状

编码钥匙的形状如图 4-38 所示。图中钥匙的两边最多可带有 22 个方齿，图中除导向用的 2 个方齿外，共有 20 个凸出或凹下的位置，可区别 99 999 把刀具。

图 4-39 所示为编码钥匙孔的剖面图。图中钥匙沿着水平方向的钥匙缝插入钥匙孔座，然后顺时针方向旋转 90°，处于钥匙代码凸起处 6 的第 1 弹簧接触片 5 被撑起，表示代码 "1"；处于代码凹处的第 2 弹簧接触片 3 保持原状，表示代码 "0"。由于钥匙上每个凸凹部分的旁边均有相应的炭刷 4 或 1，故可将钥匙各个凸凹部分均识别出来，即识别出相应的刀具。

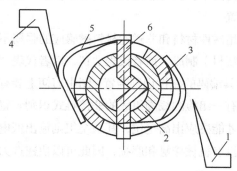

图 4-39　编码钥匙孔的剖面图
1、4—炭刷；2、6—钥匙代码凹凸处；3、5—弹簧接触片

这种编码方式称为临时性编码，因为从刀座中取出刀具时，刀座中的编码钥匙也取出，刀座中原来的编码便随之消失。因此，这种方式具有更大的灵活性。采用这种编码方式用过的刀具必须放回原来的刀座中。

④ 计算机记忆方式：这种方式目前应用最多，特点是刀具号和存刀位置或刀座号（地址）对应地记忆在计算机的存储器或可编程控制器的存储器内，不论刀具存放在哪个地址，都始终记忆着它的踪迹，这样刀具可以任意取出、任意送回。刀柄采用国际通用的形式，没有编码条，结构简单，通用性能好，刀座上也不编码，但刀库上必须设有一个机械原点（又称零位），对于圆周运动选刀的刀库，每次选刀正转或反转都不超过 180° 的范围。

3. 刀具识别装置

刀具识别装置是自动换刀系统的重要组成部分，常用的有下列几种。

（1）接触式刀具识别装置

接触式刀具识别装置应用较广，特别适应于空间位置较小的刀具编码，其识别原理如图 4-40 所示。图中有5个编码环4，在刀库附近固定一刀具识别装置，从中伸出几个触针，触针数量与刀柄上的编码环个数相等。每个触针与一个继电器相连，当编码环是小直径时与触针不接触，继电器不通电，其数码为"0"；当各继电器读出的数码与所需刀具的编码一致时，由控制装置发出信号，使刀库停转，等待换刀。

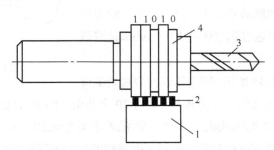

图4-40　接触式刀具识别装置的原理图
1—刀具识别装置；2—触针；3—刀具；4—编码环

接触式编码识别装置的结构简单，但可靠性较差，寿命较短，而且不能快速选刀。

（2）非接触式刀具识别装置

非接触式刀具识别法是利用磁性材料和非磁性材料磁感应的强弱不同，通过感应线圈读取代码。编码环分别由软钢和黄铜（或塑料）制成，前者代表"1"，后者代表"0"，将它们按规定的编码排列。图4-41所示为一种用于刀具编码的磁性识别装置。图中刀柄上装有非导磁材料编码环和导磁材料编码环，与编码环相对应的有一组检测线圈组成的非接触式识别装置，当编码环通过线圈时，只有对应于软钢圆环的那些绕组才能感应出高电位，其余绕组则输出低电位，然后通过识别电路选出所需要的刀具。磁性识别装置没有机械接触和磨损，因此可以快速选刀，而且具有结构简单、工作可靠、寿命长等优点。

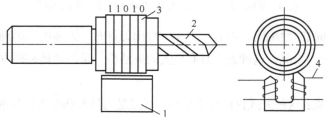

图4-41　非接触式刀具识别的原理图
1—刀具识别装置；2—刀具；3—编码环；4—线圈

4. 刀具交换装置

数控机床的自动换刀装置中，实现刀库与机床主轴之间传递和装卸刀具的装置称为刀具交换装置。刀具的交换方式通常分为无机械手换刀和有机械手换刀2大类。

（1）无机械手换刀

无机械手换刀方式是利用刀库与机床主轴的相对运动实现刀具交换，如图4-42所示，换刀过程如下。

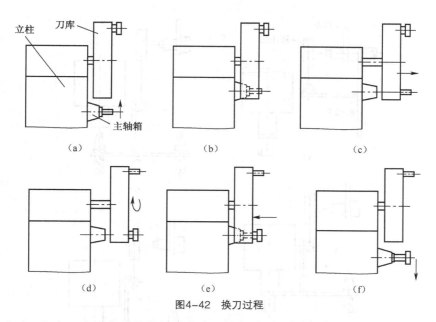

图4-42　换刀过程

图 4-42（a）：当本工步结束后执行换刀指令，主轴准停，主轴箱沿 Y 轴上升。这时刀库上刀位的空挡位置正好处在交换位置，装夹刀具的卡爪打开。

图 4-42（b）：主轴箱上升到极限位置，被更换的刀具刀杆进入刀库空刀位，即被刀具定位卡爪钳住，与此同时，主轴内刀杆自动夹紧装置放松刀具。

图 4-42（c）：刀库伸出，从主轴锥孔中将刀拔出。

图 4-42（d）：刀库转位，按照程序指令要求将选好的刀具转到最下面的位置，同时，压缩空气将主轴锥孔吹净。

图 4-42（e）：刀库退回，同时将新刀插入主轴锥孔，主轴内刀具夹紧装置将刀杆拉紧。

图 4-42（f）：主轴下降到加工位置后启动，开始下一工步的加工。

这种换刀机构不需要机械手，结构简单、紧凑。由于交换刀具时机床不工作，所以不会影响加工精度，但会影响机床的生产率。同时，因刀库尺寸限制，装刀数量不能太多。这种换刀方式常用于小型加工中心。

（2）机械手换刀

采用机械手进行刀具交换的方式应用得最为广泛，这是因为机械手换刀有很大的灵活性，而且可以减少换刀时间。下面以 TH65100 卧式镗铣加工中心为例说明采用机械手换刀的工作原理。

该机床采用的是链式刀库，位于机床立柱左侧。由于刀库中存放刀具的轴线与主轴的轴线垂直，故而机械手需要有 3 个自由度。机械手沿主轴轴线的插拔刀动作由液压缸来实现；90° 的摆动送刀及 180° 的换刀具动作分别由液压马达来实现。其换刀分解动作如图 4-43 所示。

图 4-43（a）：抓刀爪伸出，抓住刀库上的待换刀具，刀库刀座上的锁板拉开。

图 4-43（b）：机械手带着待换刀具绕竖直轴逆时针方向转 90°，与主轴轴线平行，另一个抓刀爪抓住主轴上的刀具，主轴将刀杆松开。

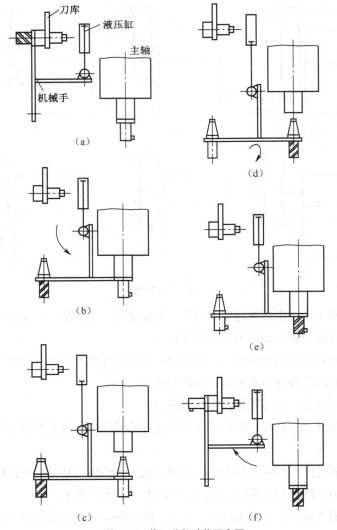

图4-43　换刀分解动作示意图

图 4-43（c）：机械手前移，将刀具从主轴锥孔内拔出。

图 4-43（d）：机械手绕自身水平轴转 180°，将 2 把刀具交换位置。

图 4-43（e）：机械手后退，将新刀具装入主轴，主轴将刀具锁住。

图 4-43（f）：抓刀爪缩回，松开主轴上的刀具。机械手绕竖直轴顺时针转 90°，将刀具放回刀库的相应刀座上，刀库上的锁板合上。

5. 机械手

由于不同的加工中心其刀库与主轴的相对位置不同，各种加工中心所使用的换刀机械手也不尽相同，但仅从机械手手臂的类型来看，有单臂机械手和双臂机械手等。

图 4-44 所示为常用的双臂机械手的几种手爪结构形式，它们能够完成抓刀→拔刀→回转→插刀→返回等一系列动作。

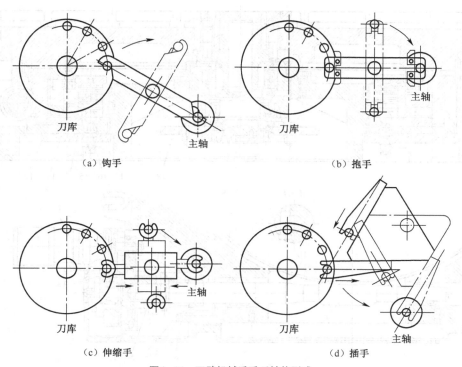

(a) 钩手   (b) 抱手

(c) 伸缩手   (d) 插手

图 4-44 双臂机械手手爪结构形式

4.6 数控机床的回转工作台

数控机床是一种高效率的加工设备,当零件被装夹在工作台上以后,为了尽可能完成较多工艺内容,除了要求机床有沿 X、Y、Z 3 个坐标轴的直线运动之外,还要求工作台在圆周方向有进给运动和分度运动。这些运动通常用回转工作台实现。

4.6.1 数控回转工作台

数控回转工作台的主要功能有 2 个:一是工作台进给分度运动,即在非切削时,装有工件的工作台在整个圆周(360°范围内)进行分度旋转;二是工作台作圆周方向进给运动,即在进行切削时,与 X、Y、Z 3 个坐标轴进行联动,加工复杂的空间曲面。

图 4-45 所示为 JCS-013 型自动换刀数控卧式镗铣床的数控回转工作台。该数控回转工作台由传动系统、间隙消除装置和蜗轮夹紧装置等组成。

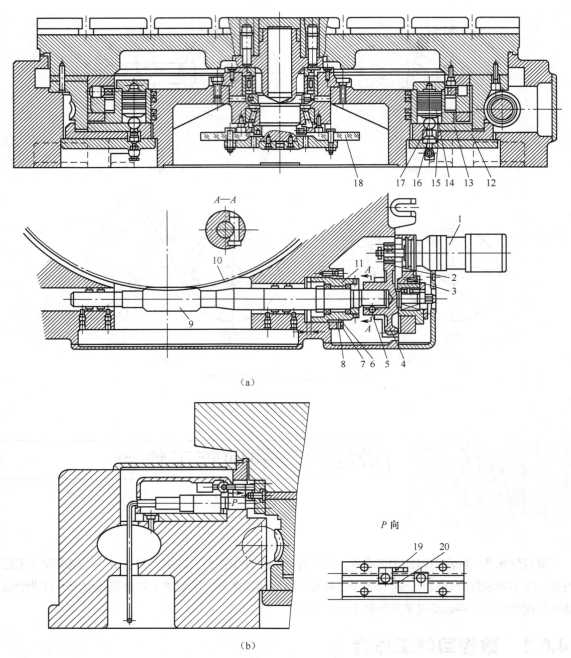

图 4-45　数控回转工作台

1—电液脉冲马达；2、4—齿轮；3—偏心环；5—楔形拉紧圆柱销；6—压块；7—螺母；
8—锁紧螺钉；9—蜗杆；10—蜗轮；11—调整套；12、13—夹紧瓦；14—夹紧液压缸；
15—活塞；16—弹簧；17—钢球；18—光栅；19—撞块；20—感应块

当数控工作台接到数控系统的指令后，首先把蜗轮松开，然后启动电液脉冲马达，按指令脉冲来确定工作台的回转方向、回转速度及回转角度大小等参数。工作台的运动由电液脉冲马达 1 驱动，经齿轮 2 和 4 带动蜗杆 9，通过蜗轮 10 使工作台回转。为了尽量消除传动间隙和反向间隙，齿轮 2

和 4 相啮合的侧隙，靠调整偏心环 3 来消除。齿轮 4 与蜗杆 9 是靠楔形拉紧圆柱销 5（A—A 剖面）来连接，这种连接方式能消除轴与套的配合间隙。为了消除蜗杆副的传动间隙，采用了双螺距渐厚蜗杆，通过移动蜗杆的轴向位置来调整间隙。这种蜗杆的左右两侧面具有不同的螺距，因此蜗杆齿厚从一端向另一端逐渐增厚。但由于同一侧的螺距是相同的，所以仍然保持着正常的啮合。调整时先松开螺母 7 上的锁紧螺钉 8，使压块 6 与调整套 11 松开，同时将楔形拉紧圆柱销 5 松开，然后转动调整套 11，带动蜗杆 9 作轴向移动。根据设计要求，蜗杆有 10 mm 的轴向移动调整量，这时蜗杆副的侧隙可调整 0.2 mm。调整后锁紧调整套 11 和楔形拉紧圆柱销 5。蜗杆的左右两端都由双列滚针轴承支承，左端为自由端，可以伸长以消除温度变化的影响；右端装有双列推力轴承，能轴向定位。

当工作台静止时，必须处于锁紧状态。工作台面用沿其圆周方向分布的 8 个夹紧液压缸进行夹紧。当工作台不回转时，夹紧液压缸 14 的上腔进压力油，使活塞 15 向下运动，通过钢球 17、夹紧瓦 13 及 12 将蜗轮 10 夹紧。当工作台需要回转时，数控系统发出指令，使夹紧液压缸 14 上腔的油流回油箱。在弹簧 16 的作用下，钢球 17 抬起，夹紧瓦 12 及 13 松开蜗轮，然后由电液脉冲马达 1 通过传动装置，使蜗轮和回转工作台按照控制系统的指令作回转运动。

数控回转工作台设有零点，当它作返回零点运动时，首先由安装在蜗轮上的撞块 19〔见图 4-45（b）〕碰撞限位开关，使工作台减速；再通过感应块 20 和无触点开关，使工作台准确地停在零点位置上。

该数控工作台可作任意角度回转和分度，由光栅 18 进行读数控制，光栅 18 在圆周上有 21 600 条刻线，通过 6 倍频电路，使刻度分辨能力为 10″，因此，工作台的分度精度可达 ±10″。

4.6.2　分度工作台

分度工作台只能够完成分度运动，而不能实现圆周进给。由于结构上的原因，通常分度工作台的分度运动只限于完成规定的角度（如 45°、60° 或 90° 等），即在需要分度时，按照数控系统的指令，将工作台及其工件回转规定的角度，以改变工件相对于主轴的位置加工工件的各个表面。分度工作台按其定位机构的不同分为定位销式和鼠牙盘式 2 类。

（1）定位销式分度工作台

图 4-46 所示为 THK6380 型自动换刀数控卧式镗铣床的定位销式分度工作台结构。这种工作台的定位分度主要靠定位销和定位孔来实现。分度工作台 1 嵌在长方工作台 10 之中。在不单独使用分度工作台时，2 个工作台可以作为一个整体使用。

在分度工作台 1 的底部均匀分布着 8 个圆柱定位销 7，在底座 21 上有一个定位孔衬套 6 及供定位销移动的环形槽。其中只有 1 个定位销 7 进入定位衬套 6 中，其他 7 个定位销则都在环形槽中。因为定位销之间的分布角度为 45°，因此工作台只能作 2、4、8 等分的分度运动。

分度时机床的数控系统发出指令，由电器控制的液压缸使 6 个均布的锁紧液压缸 8（图中只示出一个）中的压力油，经环形油槽 13 流回油箱，活塞 11 被弹簧 12 顶起，分度工作台 1 处于松开状态。同时消隙液压缸 5 也卸荷，液压缸中的压力油经回油路流回油箱。油管 18 中的压力油进入中央液压缸 17，使活塞 16 上升，并通过螺栓 15、支座 4 把推力轴承 20 向上抬起 15 mm，顶在底座 21 上。分度工作台 1 用 4 个螺钉与锥套 2 相连，而锥套 2 用六角头螺钉 3 固定在支座 4 上，所以当支座 4 上移时，通过锥套使分度工作台 1 抬高 15 mm，固定在工作台面上的定位销 7 从定位衬套中拔出。

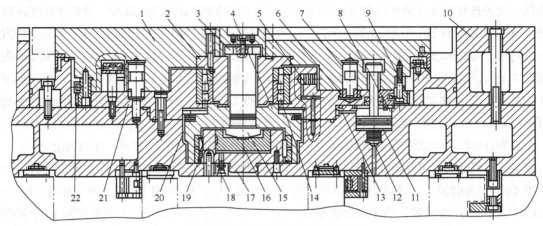

图 4-46　定位销式分度工作台的结构

1—分度工作台；2—锥套；3—螺钉；4—支座；5—消隙液压缸；6—定位孔衬套；7—定位销；
8—锁紧液压缸；9—齿轮；10—长方工作台；11—锁紧缸活塞；12—弹簧；13—油槽；
14、19、20—轴承；15—螺栓；16—活塞；17—中央液压缸；18—油管；21—底座；22—挡块

当分度工作台抬起之后发出信号，使液压马达驱动减速齿轮（图中未示出），带动固定在分度工作台 1 下面的大齿轮 9 转动，进行分度运动。分度工作台的回转速度由液压马达和液压系统中的单向节流阀来调节，分度初作快速转动，在将要到达规定位置前减速，减速信号由固定在大齿轮 9 上的挡块 22（共 8 个周向均布）碰撞限位开关发出。挡块碰撞第 1 个限位开关时，发出信号使工作台降速；当挡块碰撞第 2 个限位开关时，分度工作台停止转动，此时相应的定位销 7 正好对准定位孔衬套 6。

分度完毕后，数控系统发出信号使中央液压缸 17 卸荷，油液经管道 18 流回油箱，分度工作台 1 靠自重下降，定位销 7 插入定位孔衬套 6 中。定位完毕后消隙液压缸 5 通压力油，活塞顶向工作台面 1，以消除径向间隙。经油槽 13 来的压力油进入锁紧液压缸 8 的上腔，推动活塞杆 11 下降，通过 11 上的 T 形头将工作台锁紧。至此分度工作进行完毕。

分度工作台 1 的回转部分支承在加长型双列圆柱滚子轴承 14 和滚针轴承 19 中，轴承 14 的内孔带有 1:12 的锥度，用来调整径向间隙。轴承内环固定在锥套 2 和支座 4 之间，并可带着滚柱在加长的外环内作 15 mm 的轴向移动。轴承 19 装在支座 4 内，能随支座 4 作上升或下降移动并作为另一端的回转支承。支座 4 内还装有端面滚柱轴承 20，使分度工作台回转很平稳。

定位销式分度工作台的定位精度取决于定位销和定位孔的精度，最高可达±5″。有时采取对最常用的相差 180° 同轴线孔的定位精度要求高些（常用于调头镗孔），其他角度（45°、90°、135°）的定位精度低些，定位销和定位孔衬套的制造和装配精度要求都很高，硬度的要求也很高，而且耐性好。

（2）鼠牙盘式分度工作台

鼠牙盘式分度工作台是数控机床和其他加工设备中应用很广的一种分度装置。它既可以和数控机床做成整体的，也可以作为机床的标准附件用螺钉紧固在机床的工作台上。

鼠牙盘式分度工作台主要由工作台面、底座、夹紧液压缸、分度液压缸、鼠牙盘等零件组成，如图 4-47 所示。

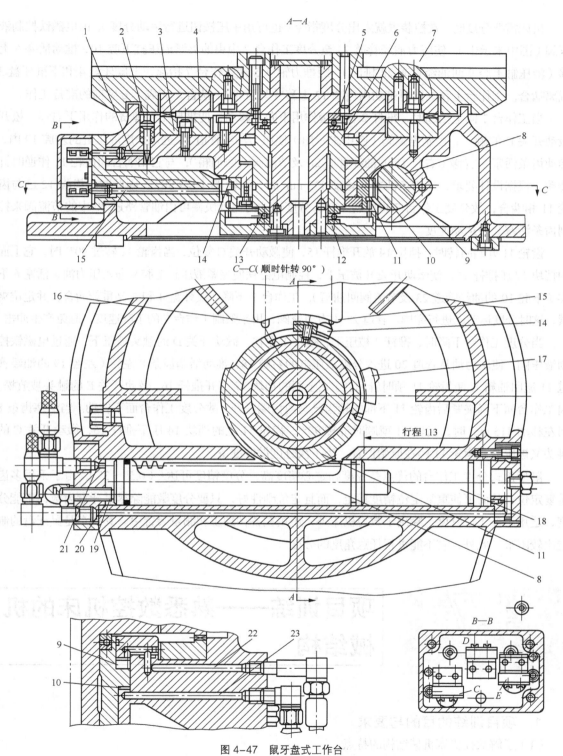

图 4-47　鼠牙盘式工作台

1、2、15、16—推杆；3—下鼠牙盘；4—上鼠牙盘；5、13—推力轴承；6—活塞；7—工作台；8—齿条活塞；
9—夹紧液压缸上腔；10—夹紧液压缸下腔；11—齿轮；12—齿圈；14、17—挡块；18—分度液压缸右腔；
19—分度液压缸左腔；20、21—分度液压缸进回油管道；22、23—夹紧液压缸进回油管道

机床需要分度时，数控装置就发出分度指令（也可用手压按钮进行手动分度），由电磁铁控制液压阀（图中未示出），使压力油经管道 23 至分度工作台 7 中央的夹紧液压缸下腔 10，推动活塞 6 上移（液压缸上腔 9 回油经管道 22 排出），经推力轴承 5 使工作台 7 抬起，上鼠牙盘 4 和下鼠牙盘 3 脱离啮合。工作台上移的同时带动内齿圈 12 上移并与齿轮 11 啮合，完成了分度前的准备工作。

当工作台 7 向上抬起时，推杆 2 在弹簧作用下向上移动，使推杆 1 在弹簧的作用下右移，松开微动开关 D 的触头，控制电磁阀（图中未示出）使压力油经管道 21 进入分度液压缸的左腔 19 内，推动齿条活塞 8 右移（右腔 18 的油经管道 20 及节流阀流回油箱），与它相啮合的齿轮 11 作逆时针转动。根据设计要求，当齿条活塞 8 移动 113 mm 时，齿轮 11 回转 90°，因此时内齿圈 12 已与齿轮 11 相啮合，故分度工作台 7 也回转 90°。分度运动的速度快慢可由油管路过 20 中的节流阀来控制齿条活塞 8 的运动速度。

齿轮 11 开始回转时，挡块 14 放开推杆 15，使微动开关 C 复位，当齿轮 11 转过 90° 时，它上面的挡块 17 压推杆 16，使微动开关 E 被压下，控制电磁铁使夹紧液压缸上腔 9 通入压力油，活塞 6 下移（下腔 10 的油经管道 23 及节流阀回油箱），工作台 7 下降。鼠牙盘 4 和 3 又重新啮合，并定位夹紧，这时分度运动已进行完毕。管道 23 中有节流阀，用来限制工作台 7 的下降速度，避免产生冲击。

当分度工作台下降时，推杆 2 被压下，推杆 1 左移，微动开关 D 的触头被压下，通过电磁铁控制液压阀，使压力油从管道 20 进入分度液压缸的右腔 18，推动活塞齿条 8 左移（左腔 19 的油经管道 21 流回油箱），使齿轮 11 顺时针回转。它上面的挡块 17 离开推杆 16，微动开关 E 的触头被放松。因工作台面下降夹紧后齿轮 11 下部的轮齿已与内齿圈脱开，故分度工作台面不转动。当活塞齿条 8 向左移动 113 mm 时，齿轮 11 就顺时针转 90°，齿轮 11 上的挡块 14 压下推杆 15，微动开关 C 的触头又被压紧，齿轮 11 停在原始位置，为下次分度做好准备。

鼠牙盘式分度工作台的优点是分度和定心精度高，分度精度可达±（0.5″～3″），由于采用多齿重复定位，从而可使重复定位精度稳定，而且定位刚性好，只要分度数能除尽鼠牙盘齿数，都能分度，适用于多工位分度，除用于数控机床外，还用在各种加工和测量装置中。其缺点是鼠牙盘的制造比较困难，此外，它不能进行任意角度的分度。

4.7　项目训练——熟悉数控机床的机械结构

1. 项目训练的目的与要求

（1）了解数控机床机械结构的特点。

（2）熟悉数控机床主传动系统的组成与结构。

（3）熟悉数控机床进给传动系统的组成与结构。

（4）熟悉数控机床自动换刀装置的组成与结构。

2. 项目训练的仪器与设备

配置 FANUC 数控系统（或 SIEMENS 数控系统）的数控车床、数控铣床、加工中心等。

3. 项目训练的内容

（1）观察数控机床主传动系统的组成与结构。

（2）观察数控机床进给传动系统的组成与结构。

（3）观察数控机床自动换刀装置的组成与结构。

4. 项目训练的报告

（1）写出你所看到的数控机床主轴的变速的方法及示意图。

（2）画出你所看到的数控机床滚珠丝杠螺母副的结构简图。

（3）画出你所看到的数控机床导轨的结构简图。

（4）写出你所看到的数控机床自动换刀的步骤。

本章介绍了数控机床机械结构的特点、数控机床的主传动系统、数控机床的进给传动系统及数控机床的自动换刀装置。要求读者了解数控机床机械结构的特点，熟悉数控机床的主传动系统、进给传动系统和自动换刀装置，经过学习和训练，达到项目训练的要求。

1. 数控机床的机械结构有哪些特点？

2. 数控机床的主轴变速方式有哪几种？

3. 主轴为何需要"准停"？如何实现"准停"？

4. 数控机床为什么常采用滚珠丝杠副作为传动元件？它的特点是什么？

5. 滚珠丝杠副中的滚珠循环方式可分为哪两类？试比较其结构特点及应用场合？

6. 试述滚珠丝杠副轴向间隙调整和预紧的基本原理以及常用的有哪几种结构形式。

7. 滚珠丝杠副在机床上的支承方式有几种？各有何优缺点？

8. 滚动导轨、塑料导轨、静压导轨各有何特点？

9. 齿轮消除间隙的方法有哪些？各有何特点？

10. 加工中心选刀方式有哪几种？各有何特点？

Chapter 5

第5章

| 数控加工编程基础 |

数控机床加工零件时，是按照事先编制好的加工程序自动地对被加工零件进行加工的。所谓加工程序，就是把零件的加工工艺路线、工艺参数、刀具的运动轨迹、位移量、切削参数（主轴转速、进给量、背吃刀量等）以及辅助功能（换刀，主轴正、反转，切削液开、关等），按照数控机床规定的指令代码及程序格式编写成加工程序单，再把程序单的内容通过控制介质或直接输入到数控机床的数控装置中，从而指挥机床加工零件。这种从零件图的分析到生成程序单的全过程叫数控程序的编制。

认识数控编程的工作过程

1. 认识数控编程的工作过程

了解数控编程的工作过程，是正确编写加工程序不可缺少的内容。

图 5-1 所示为圆锥螺母套零件图，编写其加工程序的工作过程：分析零件图样和制定工艺方案、数学处理、编写零件加工程序、程序检验。

2. 熟悉数控加工工艺路线制定的方法和步骤

数控加工工艺路线的制定是数控编程非常重要的内容，学会数控加工工艺路线制定的方法和步骤，才能正确编写加工程序。

图 5-1 所示零件图数控加工工艺路线制定的方法和步骤：零件图分析、数控机床的选择、确定装夹方案和定位基准、确定加工顺序及进给路线、选择刀具、选择切削用量。

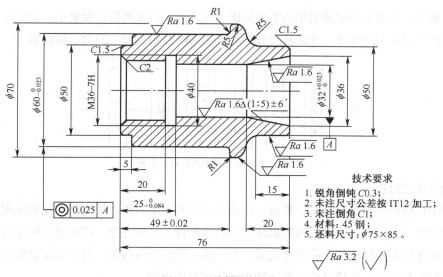

图5-1　圆锥螺母套零件

3. 熟悉数学处理的方法和步骤

对零件图形进行数学处理是数控编程前的主要准备工作，是编程必不可少的内容。

数学处理就是根据零件图样的要求，按照已确定的加工路线和允许的编程误差，计算出数控系统所需输入的数据。

5.2　数控编程的基本知识

5.2.1　数控程序编制的概念

编制数控加工程序是使用数控机床的一项重要技术工作，理想的数控程序不仅应该保证加工出符合零件图样要求的合格零件，还应该使数控机床的功能得到合理的应用与充分的发挥，使数控机床能安全、可靠、高效地工作。

1. 数控编程的内容及步骤

从零件图样到程序校验前的全部过程称为数控加工的程序编制，简称数控编程。使用数控机床加工零件时，程序编制是一项重要的工作。如图 5-2 所示，编程工作主要包括以下内容。

（1）分析零件图样

分析零件的材料、形状、尺寸、精度及毛坯形状和热处理要求等，以便确定该零件是否适合在数控机床上加工，或适合在哪种类型的数控机床上加工。只有那些属于批量小、形状复杂、精度要求高及生产周期要求短的零件，才最适合数控加工。同时要明确加工的内容和要求。

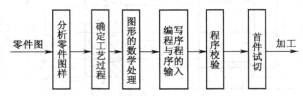

图5-2 数控程序编制的内容及步骤

（2）确定工艺过程

对零件图样进行全面分析之后，要进一步确定零件的加工方法、加工路线及切削用量等工艺参数。制定数控加工工艺时，除考虑数控机床使用的合理性及经济性外，还须考虑所用夹具应便于安装，便于协调工件和机床坐标系的尺寸关系，对刀点应选在容易找正、并在加工过程中便于检查的位置，进给路线尽量短，数值计算容易，加工安全可靠等因素。

（3）图形的数学处理

根据零件图样和确定的加工路线，计算刀具中心运动轨迹。一般的数控装置具有直线插补和圆弧插补的功能。因此，对于加工由圆弧与直线组成的简单的平面零件，只需计算出零件轮廓的相邻几何元素的交点或切点的坐标值，得出几何元素的起点、终点和圆弧的圆心坐标值。如果数控装置有刀具补偿功能，还应计算刀具运动的中心轨迹。对非圆曲线，需要用直线段或圆弧段来逼近，在满足加工精度的条件下，计算出曲线各节点的坐标值。

（4）编写程序与程序的输入

根据制定的加工路线、切削用量、刀具号码、刀具补偿、辅助动作及刀具运动轨迹，按照机床数控装置使用的指令代码及程序格式，编写零件加工程序单。

（5）程序校验

所编写的程序，必须通过进一步的校验和试切削才能用于正式加工。通常的方法是将程序的内容输入数控装置进行机床的空运转检查。对于平面轮廓工件，可在机床上用笔代替刀具、坐标纸代替工件进行空运行绘图；对于空间曲面零件，可用木料或塑料工件进行试切，以此检查机床运动轨迹与动作的正确性。在具有图形显示的机床上，用图形的静态显示（在机床闭锁的状态下形成的运动轨迹）或动态显示（模拟刀具和工件的加工过程）则更为方便，但这些方法只能检查运动轨迹的正确性，无法检查工件的加工误差。

（6）首件试切

首件试切方法不仅可查出程序单和控制介质是否有错，还可知道加工精度是否符合要求。当发现错误时，应分析错误的性质，或修改程序单，或调整刀具补偿尺寸，直到符合图纸规定的精度要求为止。

2. 数控编程的方法

数控加工程序的编制方法主要有2种：手工编程和自动编程。

（1）手工编程

手工编程指主要由人工来完成数控编程中各个阶段的工作。

一般对几何形状不太复杂的零件，所需的加工程序不长，计算比较简单，用手工编程比较合适。

手工编程的特点：耗费时间较长，容易出现错误，无法胜任复杂形状零件的编程。据国外资料统计，当采用手工编程时，一段程序的编写时间与其在机床上运行加工的实际时间之比，平均约为30:1，而数控机床不能开动的原因中有 20%～30% 是由于加工程序编制困难，编程时间较长。

（2）自动编程

自动编程是指在编程过程中，除了分析零件图样和制定工艺方案由人工进行外，其余工作均由计算机辅助完成。

采用计算机自动编程时，数学处理、编写程序、检验程序等工作是由计算机自动完成的，由于计算机可自动绘制出刀具中心运动轨迹，使编程人员可及时检查程序是否正确，需要时可及时修改，以获得正确的程序。又由于计算机自动编程代替程序编制人员完成了烦琐的数值计算，可提高编程效率几十倍乃至上百倍，因此解决了手工编程无法解决的许多复杂零件的编程难题。自动编程的特点就在于编程工作效率高，可解决复杂形状零件的编程难题。

5.2.2　程序的结构与格式

1．程序的结构

一个完整的加工程序由程序名、程序内容和程序结束 3 部分组成。

下面是某零件的加工程序：

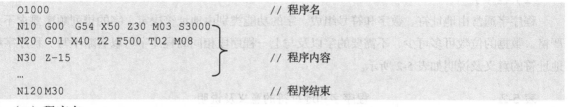

```
O1000                              // 程序名
N10 G00  G54 X50 Z30 M03 S3000
N20 G01 X40 Z2 F500 T02 M08
N30 Z-15                           // 程序内容
…
N120 M30                           // 程序结束
```

（1）程序名

由英文字母 O 和 1～4 位正整数组成（如 FANUC 系统），如 O1234。一般要求单列一段。

（2）程序内容

程序内容是由若干个程序段组成的。每个程序段一般占一行。

（3）程序结束

程序结束指令可以用 M02 或 M30。一般要求单列一段。

2．程序段格式

零件的加工程序是由程序段组成的。程序段格式是指一个程序段中的字、字符和数据的书写规则，通常有字—地址可变程序段格式、使用分隔符的程序段格式和固定程序段格式，最常用的为字—地址可变程序段格式。

字—地址可变程序段格式由程序段号、程序字和程序段结束符组成。

字—地址可变程序段格式如表 5-1 所示。

表 5-1　　　　　　　　　　字—地址可变程序段格式

1	2	3	4	5	6	7	8	9	10
N	G	X__ U__ P__	Y__ V__ Q__	Z__ W__ R__	I__J__K__ R__	F__	S__	T__	M__
程序 段号	准备 功能字	尺寸字				进给 功能字	主轴 功能字	刀具 功能字	辅助 功能字

注意　　　　上述程序段中包括的各种指令并非在加工程序段中都必须有，而是根据各程序段的具体功能来编入相应的指令。

例如：N30　G01　X50　Z30　F100

（1）程序段号 N

程序段号又称顺序号，位于程序段之首，由地址码 N 和后续数字组成，后续数字一般为 1～4 位的正整数。数控加工中的顺序号实际上是程序段的名称，与程序执行的先后次序无关。数控系统不是按程序段号的次序来执行程序，而是按照程序段编写时的排列顺序逐段执行。

程序段号的作用：对程序的校对和检索修改；作为条件转向的目标，即作为转向目的程序段的名称。有顺序号的程序段可以进行复归操作，这是指加工可以从程序的中间开始，或回到程序中断处开始。

（2）程序字

程序字通常由地址符、数字和符号组成。字的功能类别由地址符决定，字的排列顺序要求不太严格，数据的位数可多可少，不需要的字以及与上一程序段相同的程序字可以省略不写。程序字和地址符的意义及说明如表 5-2 所示。

表 5-2　　　　　　　　程序字和地址符的意义及说明

程 序 字	地 址 符	意 义	说 明
程序号	O，P，%	用于指定程序的编号	主程序编号，子程序编号
程序段号	N	又称顺序号，是程序段的名称	由地址码 N 和后面的若干位数字组成
准备功能字	G	用于控制系统动作方式的指令	用地址符 G 和 2 位数字表示，从 G00～G99 共 100 种。G 功能是使数控机床做某种操作准备的指令，如 G01 表示直线插补运动
尺寸字	X，Y，Z， A，B，C， U，V，W， I，J，K，R	用于确定加工时刀具运动的坐标位置	X、Y、Z 用于确定终点的直线坐标尺寸；A、B、C 用于确定附加轴终点的角度坐标尺寸；I、J、K 用于确定圆弧的圆心坐标；R 用于确定圆弧的半径
补偿功能	D，H	用于补偿号的指定	D 通常为刀具半径补偿号；H 为刀具长度补偿号

程 序 字	地 址 符	意 义	说 明
进给功能字	F	用于指定切削的进给速度	表示刀具中心运动时的进给速度，由地址码 F 和后面数字构成，单位为 mm/min 或 mm/r
主轴转速功能字	S	用于指定主轴转速	由地址码 S 和在其后面的数字组成
刀具功能字	T	用于指定加工时所用刀具的编号	由地址码 T 和在其后面的数字组成，数字指定刀具的刀号，数字的位数由所用的系统决定，对于数控车床，T 后面还有指定刀具补偿号的数字
辅助功能字	M	用于控制机床和系统的辅助装置的开关动作	由地址码 M 和在其后面的数字组成，从 M00～M99 共 100 种。各种机床的 M 代码规定有差异，必须根据说明书的规定进行编程

（3）程序段结束

写在一段程序段之后，表示程序段结束。在 ISO 标准中用 "NL" 或 "LF"；在 EIA 标准代码中，结束符为 "CR"；有的数控系统的程序段结束符用 ";" 或 "*"；也有的数控系统不设结束符，直接按 Enter 键即可。

5.2.3 数控机床的坐标系

在数控编程时，为了描述机床的运动，简化程序编制的方法及保证记录数据的互换性，数控机床的坐标系和运动方向均已标准化。目前，国际标准组织已经统一了标准坐标系，原机械工业部也颁布了《数字控制机床坐标和运动方向的命名》（JB 3051—1982）标准，对数控机床的坐标和运动方向作了明文规定。

1. 标准坐标系及其运动方向

（1）刀具相对于静止工件而运动的原则

为了使编程人员在不考虑机床上工件与刀具具体运动的情况下，就可以依据零件图样，确定机床的加工过程，特规定：永远假定工件是静止的，而刀具相对于静止的工件而运动。

（2）标准坐标系的规定

在数控机床上，机床的动作是由数控装置来控制的，为了确定数控机床上的成型运动和辅助运动，必须先确定机床上运动的位移和运动的方向，这就需要通过坐标系来实现，这个坐标系称为标准坐标系，也称机床坐标系。

标准坐标系采用右手直角笛卡尔坐标系，如图 5-3 所示。

① 伸出右手的大拇指、食指和中指，并互为 90°，则大拇指代表 X 坐标，食指代表 Y 坐标，中指代表 Z 坐标。

② 大拇指的指向为 X 坐标的正方向，食指的指向为 Y 坐标的正方向，中指的指向为 Z 坐标的正方向。

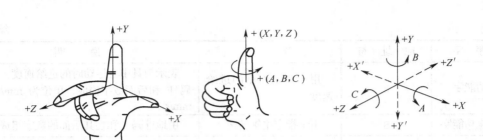

图5-3 直角坐标系

③ 围绕 X、Y、Z 各轴的回转运动及其正方向 $+A$、$+B$、$+C$ 分别用右手螺旋定则判定，拇指为 X、Y、Z 的正向，四指弯曲的方向为对应的 A、B、C 的正向。与 $+X$、$+Y$、$+Z$、$+A$、$+B$、$+C$ 相反的方向相应用带"'"的 $+X'$、$+Y'$、$+Z'$、$+A'$、$+B'$、$+C'$ 表示。注意：$+X'$、$+Y'$、$+Z'$ 之间不符合右手直角笛卡尔定则。

（3）运动方向的规定

JB 3051—1982 规定：机床某一部件运动的正方向，是增大刀具与工件之间距离的方向。

① Z 坐标。Z 坐标的运动方向是由传递切削动力的主轴所决定的，即平行于主轴轴线的坐标轴即为 Z 坐标。若有多根主轴，则选一个垂直于工件装夹平面的主轴为主要主轴；若机床无主轴，则选垂直于工件装夹平面的方向为主轴。图 5-4 所示为数控车床与主轴平行为 Z 轴，图 5-5 示出了数控铣床的主轴。

Z 坐标的正方向为刀具远离工件的方向。图 5-4 所示为数控车床向右为正方向，图 5-5 所示为数控铣床向上为正方向。

② X 坐标。X 坐标平行于工件的装夹平面，一般在水平面内。确定 X 轴的方向时，要考虑 2 种情况。

（a）如果工件作旋转运动，则刀具离开工件的方向为 X 坐标的正方向。图 5-4 所示为数控车床的 X 坐标。

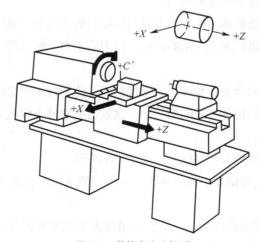

图5-4 数控车床坐标系

（b）如果刀具作旋转运动，则分为 2 种情况：Z 坐标水平时，观察者沿刀具主轴向工件看时，+X 运动方向指向右方；Z 坐标垂直时，观察者面对刀具主轴向立柱看时，+X 运动方向指向右方。图 5-5 示出了数控铣床的 X 坐标。

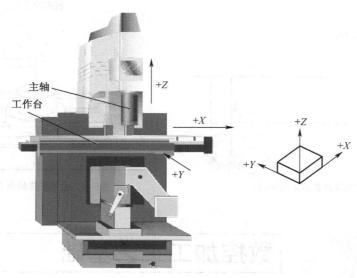

图5-5　立式数控铣床

③ Y 坐标。在确定 X、Z 坐标的正方向后，可以用根据 X 和 Z 坐标的方向，按照右手直角坐标系来确定 Y 坐标的方向。

对于卧式车床，由于车刀刀尖安装于工件中心平面，不需要垂直方向的运动，所以不需要规定 Y 轴。图 5-5 示出了数控铣床的 Y 坐标。

（4）A、B、C 轴

A、B、C 轴为回转进给运动坐标轴。根据已确定的 X、Y、Z 轴，用右手螺旋定则确定 A、B、C 3 轴坐标。

2. 机床原点与机床参考点

（1）机床原点

机床原点又称机械原点，是机床坐标系的原点。它是机床上设置的一个固定点，在机床装配、调试时就已确定下来，是数控机床进行加工运动的基准参考点。

数控车床的机床原点一般取在卡盘端面与主轴中心线的交点，如图 5-6 所示。

数控铣床的机床原点一般取在 X、Y、Z 坐标的正方向极限位置，如图 5-7 所示。

（2）机床参考点

机床参考点是用于对机床运动进行检测和控制的固定位置点。

机床参考点的位置是由机床制造厂家在每个进给轴上用限位开关精确调整好的，坐标值已输入数控系统中，因此参考点对机床原点的坐标是一个已知数。

数控车床上机床参考点是离机床原点最远的极限点。图 5-6 所示为数控车床的参考点。通常在数控铣床上机床原点和机床参考点是重合的，如图5-7所示。

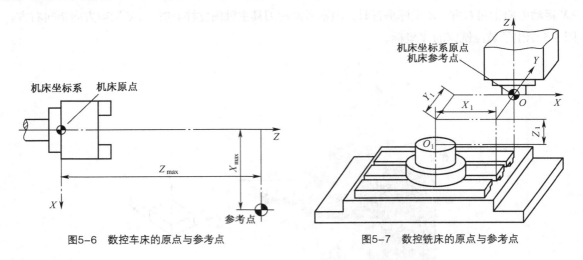

图5-6 数控车床的原点与参考点   图5-7 数控铣床的原点与参考点

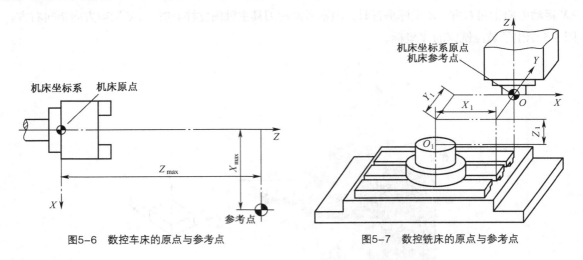

5.3 数控加工工艺基础

所谓数控加工工艺，就是使用数控机床加工零件的一种工艺方法。数控机床的加工工艺与通用机床的加工工艺有许多相同之处，但在数控机床上加工零件比在通用机床上加工零件的工艺规程要复杂得多。在数控加工前，要将机床的运动过程、零件的工艺过程、刀具的形状、切削用量和走刀路线等都编入程序中，这就要求程序设计人员具有多方面的知识基础。合格的程序员首先是一个合格的工艺人员，否则就无法做到全面周到地考虑零件加工的全过程，以及正确、合理地编制零件的加工程序。

5.3.1 数控加工内容的确定

一般来说，零件的复杂程度高、精度要求高、多品种、小批量的生产，采用数控机床加工能够获得较高的经济效益。但是，并非全部加工工艺过程都适合在数控机床上完成，而往往只是其中的一部分工艺内容适合数控加工。这就需要对零件图样进行仔细的工艺分析，选择那些最适合、最需要进行数控加工的内容和工序进行加工。

1. 数控加工工艺的特点

① 数控加工工艺内容要求更加具体、详细。

② 数控加工工艺要求更严密、精确。

③ 制定数控加工工艺要进行零件图形的数学处理和编程尺寸设定值的计算。

④ 考虑进给速度对零件形状精度的影响。

⑤ 强调刀具选择的重要性。

⑥ 数控加工工艺的工序相对集中，工序内容比普通机床加工的工序内容复杂。

⑦ 数控加工程序的编写、校验与修改是数控加工工艺的一项特殊内容。

2. 适合于数控加工的内容

在选择数控加工内容时，一般可按下列顺序考虑。

① 通用机床无法加工的内容应作为优先选择内容。

② 通用机床难加工、质量也难以保证的内容应作为重点选择内容。

③ 通用机床加工效率低、工人手工操作劳动强度大的内容，可在数控机床尚存在富裕加工能力时选择。

3. 不适合于数控加工的内容

一般来说，上述这些加工内容采用数控加工后，在产品质量、生产效率与综合效益等方面都会得到明显提高。相比之下，下列一些内容不宜选择数控加工。

① 占机调整时间长。如以毛坯的粗基准定位加工第 1 个精基准，需用专用工装协调的内容。

② 加工部位分散，需要多次安装、设置原点。这时，采用数控加工很麻烦，效果不明显，可安排通用机床来加工。

③ 按某些特定的制造依据（如样板等）加工的型面轮廓。主要原因是获取数据困难，易于与检验依据发生矛盾，增加了程序编制的难度。

此外，在选择和决定加工内容时，也要考虑生产批量、生产周期、工序间周转情况等。总之，要尽量做到合理，达到多、快、好、省的目的，要防止把数控机床降格为普通机床使用。

5.3.2 数控加工零件的工艺性分析

数控加工工艺性分析涉及面很广，在此仅从数控加工的可能性和方便性二方面加以分析。

1. 零件图样上尺寸数据的给出应符合编程方便的原则

（1）零件图上尺寸标注方法应适应数控加工的特点

在数控加工零件图上，应以同一基准引注尺寸或直接给出坐标尺寸。这种标注方法既便于编程，也便于尺寸之间的相互协调，在保持设计基准、工艺基准、检测基准与编程原点设置的一致性方面带来很大方便。由于零件设计人员一般在尺寸标注中较多地考虑装配等使用特性，而不得不采用局部分散的标注方法，这样就会给工序安排与数控加工带来许多不便。由于数控加工精度和重复定位精度都很高，不会因产生较大的积累误差而破坏使用特性，因此可将局部的分散标注法改为同一基准引注尺寸或直接给出坐标尺寸的标注法。

（2）构成零件轮廓的几何元素的条件应充分

在手工编程时，要计算每个节点坐标。在自动编程时，要对构成零件轮廓的所有几何元素进行定义。因此在分析零件图时，要分析几何元素的给定条件是否充分。如圆弧与直线、圆弧与圆弧在图样上相切，但根据图上给出的尺寸，在计算相切条件时，变成了相交或相离状态；由于构成零件几何元素条件的不充分，使编程时无法下手，遇到这种情况时，应与零件设计者协商解决。

2. 零件各加工部位的结构工艺性应符合数控加工的特点

① 零件的内腔和外形最好采用统一的几何类型和尺寸，这样可以减少刀具规格和换刀次数，使编程方便，生产效益提高。

② 内槽圆角的大小决定着刀具直径的大小，因而内槽圆角半径不应过小。如图 5-8 所示，零件工艺性的好坏与被加工轮廓的高低、转接圆弧半径的大小等有关，图 5-8（b）与图 5-8（a）相比，转接圆弧半径大，可以采用较大直径的铣刀来加工，加工平面时，进给次数也相应减少，表面加工质量也会好一些，所以工艺性较好。通常 $R < 0.2H$（H 为被加工零件轮廓面的最大高度）时，可以判定零件的该部位工艺性不好。

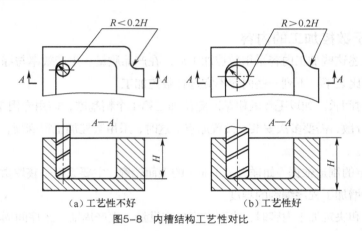

图5-8　内槽结构工艺性对比

③ 铣削零件底平面时，槽底圆角半径 r 不应过大。如图 5-9 所示，圆角半径 r 越大，铣刀端刃铣削平面的能力越差，效率也越低。当 r 大到一定程度时，甚至必须用球头刀加工，这是应该尽量避免的。因为铣刀与铣削平面接触的最大直径 $d = D - 2r$（D 为铣刀直径）。当 D 一定时，r 越大，铣刀端刃铣削平面的面积越小，加工表面的能力越差，工艺性也越差。

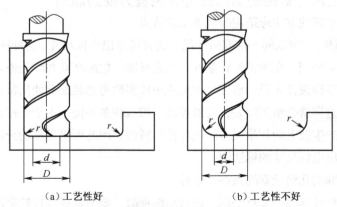

图5-9　零件底面圆弧对加工工艺的影响

④ 应采用统一的基准定位。在数控加工中，若没有统一基准定位，无法保证 2 次装夹加工后其

相对位置的准确性，会因工件的重新安装而导致加工后的 2 个面轮廓位置及尺寸不协调现象。

⑤ 零件上最好有合适的孔作为定位基准孔，若没有，要设置工艺孔作为定位基准孔。若无法制出工艺孔，最起码也要用经过精加工的表面作为统一基准，以减少 2 次装夹产生的误差。

此外，还应分析零件所要求的加工精度、尺寸公差等是否可以得到保证，有无引起矛盾的多余尺寸或影响工序安排的封闭尺寸等。

5.3.3　数控加工工艺设计

数控加工工艺设计与通用机床加工工艺设计的主要区别，在于它往往不是指从毛坯到成品的整个工艺过程，而仅仅是几道数控加工工序过程的具体描述。因此在工艺设计中一定要注意到，由于数控加工工序一般都穿插于零件加工的整个工艺过程中，因而要与其他加工工艺衔接好。

1．加工方法的选择

加工方法的选择原则是保证加工表面的精度和表面粗糙度的要求。获得同一级精度及表面粗糙度有多种加工方法，在选择加工方法时，要结合零件的形状、尺寸和热处理的要求等全面考虑。另外，还要根据自己拥有的设备种类选择加工方法。

（1）回转体零件的加工

这类零件一般在数控车床上加工。其毛坯多采用棒料或锻坯，零件往往是圆柱、圆锥等形状的回转体，其加工特点是加工余量大。在编写加工程序时要考虑粗车时的加工路线，但对于有粗加工固定循环指令的数控系统，可以只考虑精加工路线。

（2）孔系零件的加工

孔的加工方法较多，有钻孔、扩孔、铰孔、镗孔和铣削等。

对于直径大于 $\phi 30\,mm$ 的已铸出或锻出的毛坯孔，一般采用粗镗→半精镗→孔口倒角→精镗的加工方案；孔径较大的孔，可采用粗铣→精铣的加工方案。

对于直径小于 $\phi 30\,mm$ 且无底孔的孔加工，通常采用锪平端面→打中心孔→钻→扩→孔口倒角→铰的加工方案；对有同轴度要求的小孔，需采用锪平端面→打中心孔→钻→半精镗→孔口倒角→精镗（或铰）的加工方案。为提高孔的位置精度，在钻孔前需安排打中心孔。孔口倒角一般安排在半精加工之后、精加工之前，以防止孔内产生毛刺。

（3）平面和曲面轮廓的加工

平面轮廓零件一般在数控铣床、线切割及数控磨床上加工。对于外平面轮廓，通常采用数控铣削方法加工。对于内平面轮廓，当曲率半径较小时，可采用数控线切割加工方法。若选择铣削加工方法，因铣刀直径受最小曲率半径的限制，直径太小，刚性不足，会产生较大的加工误差。对精度及表面粗糙度要求较高的轮廓表面，在数控切削加工之后，再进行数控磨削加工，但数控磨削不能加工有色金属。

加工曲面轮廓的零件，多采用数控铣床或加工中心。粗加工用平头铣刀，以提高加工效率；精加工用球头刀，以行切法加工，以获得较好的表面质量。根据曲面形状、刀具形状以及精度要求采用二轴半联动或三轴联动。精度和表面粗糙度要求高的曲面，可用模具铣刀，选择四坐标或五坐标联动加工。

（4）模具型腔的加工

该类零件通常型腔表面复杂、不规则，尺寸精度及表面质量要求高，且加工材料硬度高、韧性大，此时可选用数控电火花机床加工。用该方法加工零件时，由于电极与工件不接触，没有机械加工时的切削力，故特别适宜加工低刚度工件和进行细微加工。

2. 工序的划分

（1）工序划分的原则

① 工序集中原则。工序集中就是将工件的加工集中在少数几道工序内完成，每道工序加工内容较多。采用工序集中具有如下优点：在一次安装中可以完成零件多个表面的加工，并较好地保证这些表面的相互位置精度，同时减少了工件的装夹次数和辅助时间，以及工件在机床间的搬运工作量，有利于缩短生产周期；减少机床数量，并相应地减少操作工人，节省车间面积，简化生产计划和生产组织工作。

② 工序分散原则。工序分散就是将工件的加工分散在较多的工序中进行，每道工序的内容很少，最少时每道工序仅包含一个简单工步。工序分散具有以下优点：加工设备及工艺装备简单，调整和维修方便，工人容易操作，易于产品更换，采用最合理的切削用量，减少基本工时。

（2）工序划分的方法

根据数控加工的特点，数控加工工序的划分一般可按下列方法进行。

① 以一次安装、加工作为一道工序。这种方法适合于加工内容较少的零件，加工完后就能达到待检状态，工艺流程如图 5-10 所示。

② 以同一把刀具加工的内容划分工序。有些零件虽然能在一次安装中加工出很多待加工表

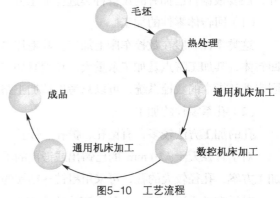

图5-10　工艺流程

面，但考虑到程序太长，会受到某些限制，如控制系统的限制（主要是内存容量），机床连续工作时间的限制（如一道工序在一个工作班内不能结束）等。此外，程序太长会增加出错与检索的困难。因此程序不能太长，一道工序的内容不能太多。

③ 以加工部位划分工序。对于加工内容很多的工件，可按其结构特点将加工部位分成几个部分，如内腔、外形、曲面或平面，并将每一部分的加工作为一道工序。

④ 以粗、精加工划分工序。对于经加工后易发生变形的工件，由于对粗加工后可能发生的变形需要进行校形，故一般来说，凡要进行粗、精加工的过程，都要将工序分开。

3. 加工顺序的安排

顺序的安排应根据零件的结构和毛坯状况，以及定位、安装与夹紧的需要来考虑。顺序安排一般应按以下原则进行。

① 上道工序的加工不能影响下道工序的定位与夹紧，中间穿插有通用机床加工工序的也应综合考虑。

② 先进行内腔加工，后进行外形加工。

③ 以相同定位、夹紧方式加工或用同一把刀具加工的工序，最好连续加工，以减少重复定位次数、换刀次数与挪动压板次数。

4. 数控加工工艺与普通工序的衔接

数控加工工序前后一般都穿插有其他普通加工工序，如衔接得不好就容易产生矛盾。因此在熟悉整个加工工艺内容的同时，要清楚数控加工工序与普通加工工序各自的技术要求、加工目的、加工特点，如要不要留加工余量，留多少；定位面与孔的精度要求及形位公差；对校形工序的技术要求；对毛坯的热处理状态等。这样才能使各工序达到相互满足加工需要，且质量目标及技术要求明确，交接验收有依据。

5. 确定走刀路线

走刀路线就是刀具在整个加工工序中的运动轨迹，它不但包括了工步的内容，也反映出工步顺序。走刀路线是编写程序的依据之一。确定走刀路线时应注意以下几点。

（1）寻求最短加工路线

加工如图 5-11（a）所示零件上的孔系。图 5-11（b）所示的走刀路线为先加工完外圈孔后，再加工内圈孔。若改用图 5-11（c）所示的走刀路线，减少空刀时间，则可节省定位时间近一半，提高了加工效率。

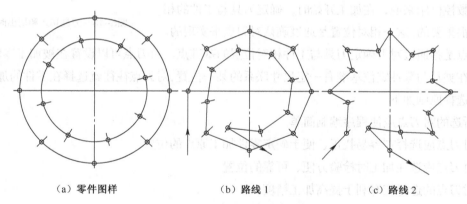

（a）零件图样　　　　　　（b）路线 1　　　　　（c）路线 2

图5-11　最短走刀路线的设计

（2）最终轮廓一次走刀完成

为保证工件轮廓表面加工后的粗糙度要求，最终轮廓应安排在最后一次走刀中连续加工出来。

图 5-12（a）所示为用行切方式加工内腔的走刀路线，这种走刀能切除内腔中的全部余量，不留死角，不伤轮廓。但行切法将在 2 次走刀的起点和终点间留下残留高度，而达不到要求的表面粗糙度。所以如采用图 5-12（b）所示的走刀路线，先用行切法，最后沿周向环切一刀，光整轮廓表面，能获得较好的效果。图 5-12（c）所示也是一种较好的走刀路线方式。

（3）选择切入、切出方向

考虑刀具的进、退刀（切入、切出）路线时，刀具的切出或切入点应在沿零件轮廓的切线上，以保证工件轮廓光滑；应避免在工件轮廓面上垂直上、下刀而划伤工件表面；尽量减少在轮廓加工切削过程中的暂停（切削力突然变化造成弹性变形），以免留下刀痕，如图 5-13 所示。

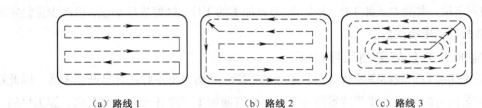

　　（a）路线 1　　　　　　　　（b）路线 2　　　　　　　　（c）路线 3

图5-12　铣削内腔的3种走刀路线

6. 确定定位和夹紧方案

在确定定位和夹紧方案时应注意以下几个问题。

① 尽可能做到设计基准、工艺基准与编程基准的统一。

② 尽量将工序集中，减少装夹次数，尽可能在一次装夹后能加工出全部待加工表面。

③ 避免采用占用人工调整时间长的装夹方案。

④ 夹紧力的作用点应落在工件刚性较好的部位。

7. 对刀具点与换刀点的确定

（1）对刀点

对于数控机床来说，在加工开始时，确定刀具与工件的相对位置是很重要的,这一相对位置是通过确认对刀点来实现的。

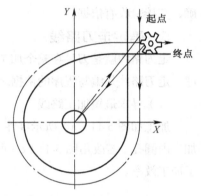

图5-13　刀具切入和切出时的外延

对刀点是指通过对刀确定刀具与工件相对位置的基准点。对刀点可以设置在被加工零件上，也可以设置在夹具与零件定位基准有一定尺寸联系的某一位置,对刀点往往就选择在零件的加工原点。对刀点的选择原则如下。

① 所选的对刀点应使程序编制简单。

② 对刀点应选择在容易找正、便于确定零件加工原点的位置。

③ 对刀点应选在加工时检验方便、可靠的位置。

④ 对刀点的选择应有利于提高加工精度。

（2）刀位点

"刀位点"是指刀具的定位基准点。如图 5-14 所示，钻头的刀位点是钻头顶点；车刀的刀位点是刀尖或刀尖圆弧中心；圆柱铣刀的刀位点是刀具中心线与刀具底面的交点；球头铣刀的刀位点是球头的球心点或球头顶点。

在使用对刀点确定加工原点时，就需要进行"对刀"。所谓对刀，是指使"刀位点"与"对刀点"重合的操作。每把刀具的半径与长度尺寸都是不同的，刀具装在机床上后，应在控制系统中设置刀具的基本位置。各类数控机床的对刀方法是不完全一样的，这一内容将结合各类机床分别讨论。

（3）换刀点

换刀点是为加工中心、数控车床等采用多刀进行加工的机床而设置的，因为这些机床在加工过程中要自动换刀。对于手动换刀的数控铣床，也应确定相应的换刀位置。为防止换刀时碰伤零件、刀具或夹具，换刀点常设置在被加工零件的轮廓之外，并留有一定的安全量。

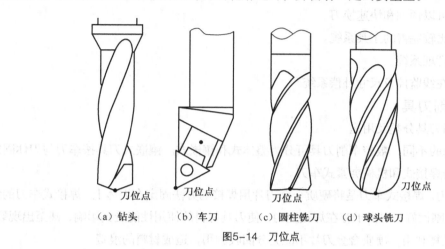

（a）钻头　　　（b）车刀　　　（c）圆柱铣刀　　（d）球头铣刀

图5-14　刀位点

5.3.4　数控机床刀具及切削用量的选择

1. 数控机床刀具概述

（1）数控机床对刀具的要求

为了保证数控机床的加工精度、提高生产率及降低刀具的消耗，在选用数控机床所用刀具时对刀具提出以下的要求。

① 高的可靠性。

② 较高的刀具耐用度。

③ 高精度。

④ 可靠的断屑及排屑措施。

⑤ 精确迅速的调整。

⑥ 自动快速的换刀。

⑦ 刀具标准化、模块化、通用化及复合化。

（2）数控刀具的种类

① 按刀具的结构可分为整体式、镶嵌式、减振式、内冷式和特殊式。

② 按刀具的材料可分为高速钢、硬质合金、陶瓷、立方氮化硼和聚晶金刚石。

③ 按刀具切削工艺可分为车削刀具、钻削刀具、镗削刀具和铣削刀具。

（3）数控刀具的特点

为了能够实现数控机床上刀具高效、多能、快换和经济的目的，数控机床上所使用的刀具必须具备以下特点。

① 具有很高的切削效率。

② 具有高的精度和重复定位精度。

③ 具有很高的可靠性和耐用度。

④ 刀具尺寸可以预调和快速换刀。

⑤ 具有一个比较完善的工具系统。

⑥ 建立刀具管理系统。

⑦ 应有刀具在线监控及尺寸补偿系统。

2. 数控车削刀具

（1）数控车削刀具分类及用途

根据刀具结构的不同，数控车削刀具可分为整体式和镶嵌式。镶嵌式刀具按车刀与刀体固定方式的不同又可分为焊接式和机械夹紧式车刀。

① 焊接式车刀。焊接式车刀是将硬质合金刀片用焊接的方法固定在刀体上。焊接式车刀的结构简单、制造方便、刚性好，但由于存在焊接应力，使刀具材料的使用性能受到影响，甚至出现裂纹。另外，刀杆不能重复利用，硬质合金刀片不能充分回收利用，造成材料的浪费。

根据加工表面及用途的不同，焊接式车刀分为切断刀、外圆刀、端面车刀、内孔车刀、螺纹车刀以及成型车刀等，如图5-15所示。

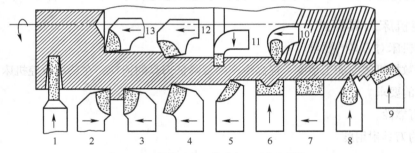

图5-15　焊接式车刀的种类、形状和用途

1—切断刀；2—90°左偏刀；3—90°右偏刀；4—弯头车刀；5—直头车刀；6—成型车刀；7—宽刃精车刀；8—外螺纹车刀；9—端面车刀；10—内螺纹车刀；11—内切槽刀；12—内孔镗刀（通孔用）；13—内孔镗刀（盲孔用）

② 机夹可转位车刀。机械夹紧式车刀分为不转位和可转位2种。可转位车刀是使用可转位刀片的机夹车刀，把经过研磨的可转位多边形刀片用夹紧组件夹在刀杆上。可转位车刀在使用过程中，切削刃磨钝后，通过刀片的转位，即可用新的切削刃继续加工，只有当多边形车刀所有的切削刃都磨钝后，才需要更换刀片。数控车削加工时，为了减少换刀时间和方便对刀，尽量采用机夹车刀和机夹刀片，便于实现机械加工的标准化。

数控车床常用的机夹可转位车刀结构形式如图5-16所示。

数控车床常用的机夹可转位车刀常用刀片形式如图5-17所示。

（2）数控车削刀具的选用

① 刀片材质的选择。常见刀片材料有高速钢、硬质合金、涂层硬质合金、陶瓷、立方氮化硼和金刚石等，其中应用最多的是硬质合金和涂层硬质合金刀片。选择刀片材质主要依据被加

工工件的材料、被加工表面的精度、表面质量要求、切削载荷的大小以及切削过程有无冲击和振动等。

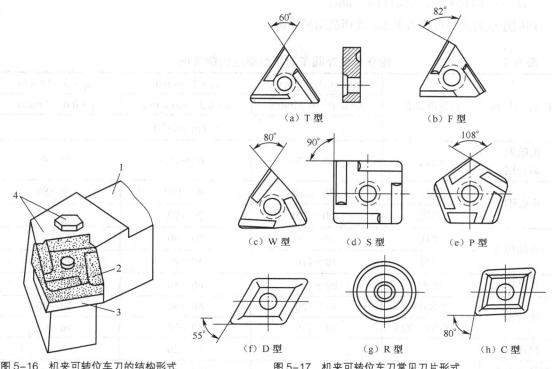

图 5-16　机夹可转位车刀的结构形式
1—刀柄；2—刀片；3—刀垫；4—夹紧元件

图 5-17　机夹可转位车刀常见刀片形式

② 刀片尺寸的选择。刀片尺寸的大小取决于有效切削刃长度 L。有效切削刃长度与背吃刀量 a_p 和车刀的主偏角 κ_r 有关，使用时可查阅有关刀具手册选取。

③ 刀片形状的选择。刀片形状的选择主要依据被加工工件的表面形状、切削方法、刀具寿命和刀片的转位次数等因素。

（3）切削用量的选择

切削用量包括主轴转速、背吃刀量和进给量。对于不同的加工方法，需要选择不同的切削用量。编程时，编程人员必须确定每道工序的切削用量，并编入程序单内。

① 背吃刀量的确定。背吃刀量根据机床、工件和刀具的刚度来决定。在刚度允许的条件下，应尽可能使背吃刀量等于工件的加工余量，这样可以减少走刀次数，提高生产效率。对于表面粗糙度和精度要求较高的零件，要留有足够的精加工余量，数控加工的精加工余量可比通用机床的加工余量小一些，一般为 0.1～0.5 mm。

② 主轴转速的确定。车削加工时，主轴转速应根据零件上被加工部位的直径，并按零件和刀具材料及加工性质等条件所允许的切削速度代入下式来确定。

$$n = \frac{1\,000\,v}{\pi d}$$

式中，n ——主轴转速，r/min；

v ——切削速度，m/min；

d ——工件待加工表面直径，mm。

切削速度的选择可参考表 5-3 或切削用量手册。

表 5-3   硬质合金外圆车刀切削速度的参考值

工 件 材 料	热处理状态	$a_p = 0.3\sim2$ mm $f = 0.08\sim0.3$ mm/r	$a_p = 2\sim6$ mm $f = 0.3\sim0.6$ mm/r	$a_p = 6\sim10$ mm $f = 0.6\sim1$ mm/r
		$v / (\text{m}\cdot\text{min}^{-1})$		
低碳钢 易切钢	热扎	140～180	100～120	70～90
中碳钢	热扎	130～160	90～110	60～80
	调质	100～130	70～90	50～70
合金结构钢	热扎	100～130	70～90	50～70
	调质	80～110	50～70	40～60
工具钢	退火	90～120	60～80	50～70
灰铸铁	＜HBS190	90～120	60～80	50～70
	HBS190～225	80～110	50～70	40～60
高锰钢		10～20		
铜及铜合金		200～250	120～180	90～120
铝及铝合金		300～600	200～400	150～200
铸铝合金		100～180	80～150	60～100

在车螺纹时，车床主轴转速过高会使螺纹乱扣，不同的数控系统车螺纹时推荐使用不同的主轴范围，对于普通数控车床，车螺纹时推荐的主轴转速为

$$S \leqslant 1\,200/k - 80$$

式中，k ——螺纹螺距，mm。

③ 进给速度的确定。进给速度 F 是指单位时间内，刀具沿进给方向移动的距离（mm/min），数控车床常选用 mm/r 表示进给速度。在确定进给速度时，要遵循以下的原则。

（a）当工件的质量能得到保证时，为了提高生产率，可选择较高的进给速度。

（b）在切断、加工深孔、用高速刀具加工或精车时，宜选择较低的进给速度。

（c）当加工精度要求较高时，进给速度应选更低一些。

（d）进给速度应与主轴转速和背吃刀量相适应。

粗车时常取 0.3～0.8 mm/r，精车时常取 0.1～0.3 mm/r，切断时常取 0.05～0.2 mm/r。

表 5-4 所示为数控车削切削用量推荐表，供编程参考。

表 5-4　　　　　　　　　　　　　　切削用量推荐表

工 件 材 料	加 工 方 式	背吃刀量/mm	切削速度/(m·min⁻¹)	进给量/(mm·r⁻¹)	刀具材料
碳素钢 $\sigma_b > 600$ MPa	粗加工	5～7	60～80	0.2～0.4	YT 类
	粗加工	2～3	80～120	0.2～0.4	
	精加工	0.2～0.3	120～150	0.1～0.2	
	车螺纹		70～100	导程	
	钻中心孔		500～800 r/min		W18Cr4V
	钻孔		20～30	0.1～0.2	
	切断（宽度小于 5 mm）		70～110	0.1～0.2	YT 类
合金钢 $\sigma_b = 1\,470$ MPa	粗加工	2～3	50～80	0.2～0.4	YT 类
	精加工	0.1～0.15	60～100	0.1～0.2	
	切断（宽度小于 5 mm）		40～70	0.1～0.2	
铸铁 HBS 200 以下	粗加工	2～3	50～70	0.2～0.4	YG 类
	精加工	0.1～0.15	70～100	0.1～0.2	
	切断（宽度小于 5 mm）		50～70	0.1～0.2	
铝	粗加工	2～3	600～1 000	0.2～0.4	YG 类
	精加工	0.2～0.3	800～1 200	0.1～0.2	
	切断（宽度小于 5 mm）		600～1 000	0.1～0.2	
黄铜	粗加工	2～4	400～500	0.2～0.4	YG 类
	精加工	0.1～0.15	450～600	0.1～0.2	
	切断（宽度小于 5 mm）		400～500	0.1～0.2	

3．数控铣削刀具

在数控铣削加工时使用的刀具主要为铣刀，包括面铣刀、立铣刀、球头铣刀、三面刃盘铣刀和环形铣刀等，除此之外还有各种孔加工刀具，如钻头（锪钻、铰刀、镗刀等）和丝锥等。

这里主要介绍在数控铣削时常用的铣刀。

（1）刀具的选择

① 面铣刀。面铣刀主要用于加工较大的平面。如图 5-18 所示，面铣刀的圆周表面和端面上都有切削刃，圆周表面上的切削刃为主切削刃，端面切削刃为副切削刃。

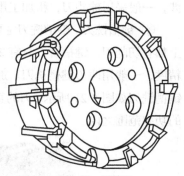

图5-18　面铣刀

面铣刀刀齿材料为高速钢和硬质合金钢。与高速钢相比，硬质合金钢面铣刀的铣削速度较高，可获得较高的加工效率和表面质量，并可加工带有硬皮和淬硬层的工件，故得到广泛应用。目前应用较广的是可转位硬质合金钢面铣刀。

　　标准可转位式面铣刀的直径为 16～630 mm。选择面铣刀直径时主要需考虑刀具所需功率应在机床功率范围之内，也可将机床主轴直径作为选取的依据，面铣刀直径可按 $D = 1.5d$（d 为主轴直径）选取。在批量生产时，也可按工件切削宽度的 1.6 倍选择刀具直径。粗铣时，铣刀直径要小些，因为粗铣切削力大，选小直径铣刀可减少切削扭矩。精铣时，铣刀直径要大些，尽量包容工件整个加工宽度，以提高加工精度和效率，并减少相邻 2 次进给之间的接刀痕迹。

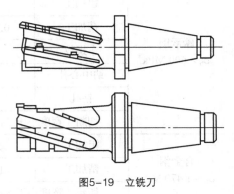

　　② 立铣刀。立铣刀是数控加工中用得最多的一种铣刀，主要用于加工凹槽较小的台阶面以及平面轮廓。如图 5-19 所示，立铣刀的圆柱表面和端面上都有切削刃，它们既可以同时进行切削，也可以单独进行切削。圆柱表面的切削刃为主切削刃，端面上的切削刃为副切削刃。副切削刃主要用来加工与侧面垂直的底平面，普通立铣刀的端面中心处无切削刃，故一般不宜作轴向进给。

图5-19　立铣刀

　　立铣刀直径的选择主要应考虑工件加工尺寸的要求，并保证刀具所需功率在机床额定功率范围以内。对于小直径立铣刀，则应主要考虑机床的最高转速能否达到刀具的最低切削速度。

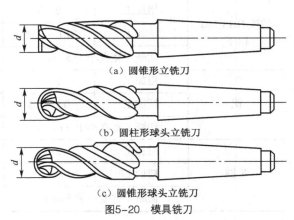

（a）圆锥形立铣刀

（b）圆柱形球头立铣刀

　　③ 模具铣刀。模具铣刀由立铣刀发展而成。如图 5-20 所示，模具铣刀可分为圆锥形立铣刀［见图 5-20（a）］、圆柱形球头立铣刀［见图 5-20（b）］和圆锥形球头立铣刀［见图 5-20（c）］等。它的结构特点是球头或端面上部布满切削刃，圆周刃与球部刃圆弧连接，可以作径向和轴向进给。

（c）圆锥形球头立铣刀

图5-20　模具铣刀

加工曲面类零件时，为了保证刀具切削刃与加工轮廓在切削点相切，而避免刀刃与工件轮廓发生干涉，一般采用球头刀，粗加工用两刃铣刀，半精加工和精加工用四面刃铣刀。

　　④ 键槽铣刀。键槽铣刀主要用于加工封闭的槽，键槽铣刀结构与立铣刀相近，圆柱表面和端面上都有切削刃，键槽铣刀只有 2 个齿，端面刃延至中心，既像立铣刀又像钻头。为了保证槽的尺寸精度，一般用两刃键槽铣刀。加工时，先沿轴向进给达到键槽深度，然后键槽方向铣出键槽全长，键槽铣刀如图 5-21 所示。刀的直径和宽度应根据加工工件尺寸选择，并保证其切削功率在机床允许的功率范围之内。

（a）锥柄键槽铣刀　　　　　　　　　　　　　（b）直柄键槽铣刀

图5-21　键槽铣刀

⑤ 鼓形铣刀。鼓形铣刀多用来对飞机结构件等零件中与安装面倾斜的表面进行三坐标加工，如图 5-22 所示。这种表面最理想的加工方案是多坐标侧铣，在单件或小批量生产中可用鼓形铣刀加工来取代多坐标加工，加工时控制刀具上下位置，相应改变刀刃的切削部位，可以在工件上切出从负到正的不同斜角。R 越小，鼓形刀所能加工的斜角范围越广，但所获得的表面质量也越差。这种刀具的缺点是刃磨困难，切削条件差，而且不适合加工有底的轮廓表面。

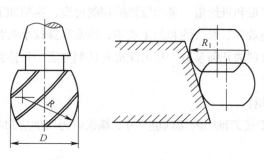

（a）鼓形铣刀　　　（b）三坐标鼓形铣刀加工

图5-22　鼓形铣刀

⑥ 其他成型铣刀。成型铣刀一般都是为了加工特定的工件而专门设计制造的，如各种直形或圆弧形的凹槽、斜角面、特形孔等。其他成型铣刀图样如图 5-23 所示。

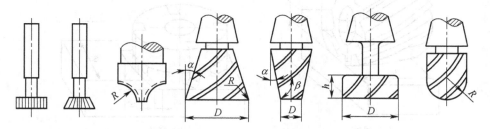

图5-23　其他成型铣刀

铣刀类型应与被加工工件的尺寸和面形状相适合，如图 5-24 所示。

图5-24　铣刀类型与加工类型

（2）切削用量的选择

切削用量包括背吃刀量与侧吃刀量、主轴转速（切削速度）和进给量（进给速度）。选择切削用量时，一定要充分考虑影响切削的各种因素，正确地选择切削条件，合理地确定切削用量，可有效地提高机械加工质量和产量。

合理选择切削用量的原则是：粗加工时，一般以提高生产率为主，但也应考虑经济性和加工成本，通常选择较大的背吃刀量和进给量，采用较低的切削速度；半精加工和精加工时，应在保证加工质量的前提下，兼顾切削效率、经济性和加工成本，通常选择较小的背吃刀量和进给量，并选用切削性能高的刀具材料和合理的几何参数，尽可能提高切削速度。具体数值应根据机床说明书、切削用量手册并结合经验而定。

① 背吃刀量与侧吃刀量。

背吃刀量 a_p 是指平行于铣刀轴线的切削层尺寸，端铣时为切削层的深度，周铣时为切削层的宽度，如图 5-25 所示。

侧吃刀量 a_e 是指垂直于铣刀轴线的切削层尺寸，端铣时为被加工表面的宽度，周铣时为切削层的深度，如图 5-25 所示。

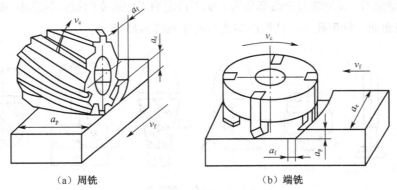

（a）周铣　　　　　　　　（b）端铣

图5-25　铣刀切削用量

背吃刀量或侧吃刀量的选取主要由加工余量和对表面质量的要求决定。

（a）当工件表面粗糙度值为 Ra (12.5～25 μm) 时，如果圆周铣削的加工余量小于 5 mm，端铣的加工余量小于 6 mm，粗铣一次进给就可以达到要求。但在余量较大、工艺系统刚性较差或机床动力不足时，工件加工可分 2 次进给完成。

（b）当工件表面粗糙度值为 Ra (3.2～12.5 μm) 时，工件加工可分粗铣和半精铣 2 步进行。粗铣时背吃刀量或侧吃刀量选取同前。粗铣后留 0.5～1.0 mm 余量，在半精铣时切除。

（c）当工件表面粗糙度值为 Ra (0.8～3.2 μm) 时，工件加工可分粗铣、半精铣和精铣 3 步进行。半精铣时背吃刀量或侧吃刀量取 1.5～2 mm；精铣时圆周铣侧吃刀量取 0.3～0.5 mm，面铣刀背吃刀量取 0.5～1 mm。

② 主轴转速的确定。主轴转速与切削速度的关系可用下式确定。

$$n = \frac{1000\,v}{\pi d}$$

式中，v——铣削时的切削速度，m/min；

　　　d——铣刀的直径，mm。

切削速度的选择主要取决于被加工工件的材质，表 5-5 所示仅供参考。

表 5-5　铣削时的切削速度的参考值

工件材料	硬度/HBS	切削速度 v/(m·min⁻¹)	
		高速钢铣刀	硬质合金钢铣刀
钢	<225	18～42	66～150
	225～325	12～36	54～120
	325～425	6～21	36～75
铸铁	<190	21～36	66～150
	190～260	9～18	45～90
	260～320	4.5～10	21～30

③ 进给速度。进给速度 F 是单位时间内工件与铣刀沿进给方向的相对位移，单位为 mm/min。它与主轴转速 n、铣刀齿数 Z 及每齿进给量 f_z 的关系为

$$F = n \times Z \times f_z$$

每齿进给量 f_z 的选取主要取决于工件材料的力学性能、刀具材料和工件表面粗糙度等因素。工件材料的强度和硬度越高，f_z 越小；反之则越大。硬质合金钢铣刀的每齿进给量高于同类高速钢铣刀。工件表面粗糙度要求越高，f_z 就越小。每齿进给量的确定可参考表 5-6 所示选取。工件刚性差或刀具强度低时，应取小值。

表 5-6　铣刀每齿进给量 f_z 参考值

工件材料	进给吃刀量（f_z）/mm			
	粗　铣		精　铣	
	高速钢铣刀	硬质合金钢铣刀	高速钢铣刀	硬质合金钢铣刀
钢	0.10～0.15	0.10～0.25	0.02～0.05	0.10～0.15
铸铁	0.12～0.20	0.15～0.30		

5.4　数控编程中的数学处理

对零件图形进行数学处理（又称数值计算）是数控编程前的主要准备工作，无论对于手工编程

还是自动编程都是必不可少的。图形的数学处理就是根据零件图样的要求，按照已确定的加工路线和允许的编程误差，计算出数控系统所需输入的数据。数学处理的内容主要有基点和节点的计算。

5.4.1　基点坐标的计算

一个零件的轮廓曲线常常由不同的几何元素组成，如直线、圆弧等。各几何元素间的连接点称为基点，如两直线的交点、直线与圆弧的交点或切点、圆弧与圆弧的交点或切点。2 个相邻基点间只能有 1 个几何元素。

平面零件轮廓大多由直线和圆弧组成，而数控机床的数控系统都具有直线插补和圆弧插补功能，所以平面零件轮廓曲线的基点计算比较简单。常用基点的计算方法有 2 种。

1.　根据已知条件人工求解

一般基点的计算可根据图纸给定条件用几何法、解析几何法和三角函数求得。

当用解析法求基点时，首先选定零件坐标系的原点，列出各直线和圆弧的数学方程，再联立相关方程求解。

对于所有直线，均可化为一般形式

$$Ax + By + C = 0$$

对于所有圆弧，均可化为圆弧的标准方程形式

$$(x - A)^2 + (y - B)^2 = R^2$$

式中，A、B——圆弧的圆心坐标；

R——圆弧半径。

图 5-26 所示零件图中，点 A、B、C、D、E 为基点。点 A、B、D、E 的坐标值从图中很容易找出，点 C 是直线与圆弧切点，要联立方程求解。

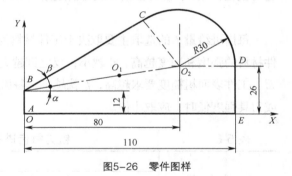

图5-26　零件图样

以 B 点为计算坐标系原点，联立下列方程：

直线方程 $\qquad\qquad y = \tan(\alpha + \beta)x$

圆弧方程 $\qquad\qquad (x - 80)^2 + (y - 14) = 30^2$

可求得（64.2786, 39.5507），换算到以点 A 为原点的编程坐标系中，点 C 坐标为（64.2786, 51.5507）。

2.　利用 CAD 软件直接查取

对于复杂的零件，计算工作量很大，为提高编程效率，可应用 CAD/CAM 软件的功能，把某些点的坐标值直接标出。

5.4.2　节点坐标的计算

如果零件的轮廓曲线不是由直线或圆弧构成的，而数控装置又不具备其他曲线的插补功能时，要采取用直线或圆弧逼近的数学处理方法，即在满足允许编程误差的条件下，用若干直线段或圆弧段分割逼近给定的曲线，相邻直线段或圆弧段的交点或切点称为节点。

节点计算方法较多，直线逼近轮廓的节点计算方法常用的有等间距法、等步长法、等误差法（变

步长法）。圆弧逼近轮廓的节点计算方法常用的有曲率圆法、三点圆法和相切圆法等。

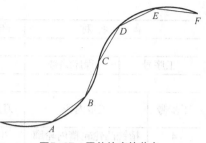

例如，对图 5-27 所示的曲线用直线逼近时，其交点 A、B、C、D、E、F 等即为节点。

在编程时，首先要计算出节点的坐标，节点的计算一般都比较复杂，靠手工计算已很难胜任，必须借助计算机辅助处理。求得各节点后，就可按相邻两节点间的直线来编写加工程序。

图5-27 零件轮廓的节点

这种通过求得节点，再编写程序的方法，使得节点数目决定了程序段的数目。如图 5-27 中有 6 个节点，即用 5 段直线逼近了曲线，因而就有 5 个直线插补程序段。节点数目越多，由直线逼近曲线产生的误差 δ 越小，程序的长度则越长。可见，节点数目的多少，决定了加工的精度和程序的长度。因此，正确确定节点数目是个关键问题，对于复杂计算问题均需计算机来完成。

 数控加工技术文件

填写数控加工专用技术文件是数控加工工艺设计的内容之一。这些技术文件既是数控加工的依据、产品验收的依据，也是操作者遵守、执行的规程。技术文件是对数控加工的具体说明，目的是让操作者更明确加工程序的内容、装夹方式、各个加工部位所选用的刀具及其他技术问题。数控加工技术文件主要有数控加工工艺卡片、数控刀具卡片和数控加工程序单等。

1. 数控加工工艺卡片

数控加工工艺卡与普通加工工艺卡相似之处是由编程员根据被加工零件，编制数控加工的工艺和作业内容；与普通加工工艺卡不同的是，此卡中还应该反映使用的辅具、刀具切削参数、切削液等。它是操作人员用数控加工程序进行数控加工的主要指导性工艺资料。工艺卡应该按照已经确定的工步顺序填写。数控加工工艺卡如表 5-7 所示。

表 5-7　　　　　　　　　　数控加工工艺卡片

单 位 名 称		产品名称或代号		零 件 名 称		零 件 图 号	
				槽形凸轮			
工序号	程序编号		夹具名称	使用设备		车间	
			螺旋压板	XK0824		数控中心	
工步号	工步内容	刀具号	刀具规格/mm	主轴转速/(r·min⁻¹)	进给速度/(mm·min⁻¹)	背吃刀量/mm	备注
1	来回铣削，逐渐加深铣削深度	T01	$\phi18$	800	60		分2层铣削
2	粗铣凸轮轮槽内轮廓	T01	$\phi18$	700	60		
3	粗铣凸轮轮槽外轮廓	T01	$\phi18$	700	60		

续表

单 位 名 称		产品名称或代号		零 件 名 称			零 件 图 号	
				槽形凸轮				
工序号	程序编号	夹具名称		使用设备			车间	
		螺旋压板		XK0824			数控中心	
工步号	工步内容	刀具号	刀具规格/mm	主轴转速/(r·min⁻¹)	进给速度/(mm·min⁻¹)	背吃刀量/mm	备注	
4	精铣凸轮轮槽内轮廓	T02	ϕ18	1 000	100			
编制	审核	批准				共 页	第 页	

2. 数控加工刀具卡片

数控加工时，对刀具的要求十分严格，一般要在机外对刀仪上预先调整刀具直径和长度。刀具卡反映刀具编号、刀具结构、尾柄规格、组合件名称代号、刀片型号和材料等。它是组装刀具和调整刀具的依据，详见表5-8。

表 5-8　　　　　　　　　　数控加工刀具卡片

产品名称或代号			零 件 名 称	槽 形 凸 轮	零 件 图 号	
序号	刀具号	刀具规格名称/mm	数量	加工表面		备注
1	T01	ϕ18 硬质合金立铣刀	1	粗铣凸轮轮槽内外廓		
2	T02	ϕ18 硬质合金立铣刀	2	精铣凸轮轮槽内外廓		
编 制		审 核		批 准	共 页	第 页

3. 数控加工程序单

数控加工程序单是编程员根据工艺分析情况，按照机床特点的指令代码编制的。它是记录数控加工工艺过程、工艺参数的清单，有助于操作员正确理解加工程序内容，如表5-9所示。

表 5-9　　　　　　　　　　数控加工程序单

零 件 号		零 件 名 称		编　制		审　核	
程序号				日期		日期	
序号		程序内容			程序说明		
1							
2							
编制	审核		批准		年 月 日	共 页	第 页

5.6　项目训练——熟悉数控加工工艺路线

1. 项目训练的目的与要求

（1）学会常用零件数控加工工艺分析方法。

（2）学会常用零件数控加工工艺路线的制定方法。

（3）学会常用零件数控加工技术文件的制定方法。

2. 项目训练的仪器与设备

各种类型的数控机床以及加工工件所需夹具、刀具、工件等相关加工设备。

3. 项目训练的内容

（1）分析图 5-1 所示零件的数控加工工艺。

（2）制定图 5-1 所示零件的数控加工工艺方案。

（3）完成图 5-1 所示零件的数控加工技术文件。

4. 项目训练的报告

完成图 5-1 所示零件的数控加工技术文件。

5. 项目案例

对图 5-28 所示套类零件进行数控车削加工工艺分析。

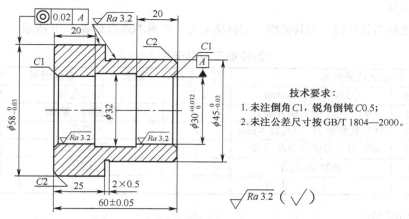

技术要求：
1. 未注倒角 C1，锐角倒钝 C0.5；
2. 未注公差尺寸按 GB/T 1804—2000。

图5-28 套类零件数控车削加工工艺分析举例

（1）零件图分析

零件包括简单的外圆台阶面、一个外沟槽、倒角和内圆柱面等，其中 $\phi58$、$\phi45$ 和孔 $\phi30$ 有严格的尺寸精度和表面粗糙度要求，$\phi58$ 外圆对 $\phi30$ 内孔轴线有同轴度 0.02 mm 的技术要求；零件材料为 45 钢，无热处理和硬度要求。

（2）毛坯的选择

零件外形较规则，单件小批量生产，考虑加工余量，毛坯选用 $\phi60 \times 62$ 的 45 钢棒料。

（3）数控机床的选择

零件小批量生产，零件表面有外圆台阶面、外沟槽、倒角和内圆柱面等，刀具数量不多，选用普通精度级别的 CK6140 型数控车床加工。

（4）确定装夹方案和定位基准

数控车床加工采用三爪自定心卡盘装夹，此零件经过 2 次装夹才能完成全部内容加工，第 1 次以毛坯外圆柱面为定位基准，夹右端车左端，完成 $\phi58$ 外圆、$\phi30$ 左端内孔的加工；第 2 次以 $\phi58$

精车外圆为定位基准，采用软爪卡盘装夹完成右端外形加工。

（5）确定加工顺序

由于此零件ϕ58外圆对ϕ30内孔轴线有同轴度0.02 mm的技术要求，所以在确定加工顺序时要保证内、外圆表面的同轴度的要求。具体加工顺序如下。

① 车端面，钻毛坯孔ϕ28。

② 粗、精车ϕ58外圆。

③ 镗ϕ30内孔和ϕ32内工艺槽，此槽为保证ϕ30内孔技术要求而从工艺设计上考虑，无精度要求。内孔长60 mm，亦可一次完成左、右内孔的加工。

④ 工件掉头，软爪夹ϕ58已加工表面，车右端面保持60 mm的长度。

⑤ 粗、精车ϕ45 mm外圆。

⑥ 粗、精车左端内孔。

⑦ 切外沟槽。

（6）选择刀具

刀具选择包括刀具材料、刀具类型、刀具结构等，刀具的选择如表5-10所示。

表5-10　　　　　　　　　　　　数控加工刀具卡片

产品名称或代号			零件名称	轴套	零件图号	
序号	刀具号	刀具规格名称/mm	数量	加工表面		备注
1	T0101	90°粗、精右偏外圆刀	1	外表面、端面		
2	T0202	75°粗精镗刀，刀头宽4 mm	1	镗孔		
3	T0303	切断刀（刀位点为左刀尖）	1	切槽、切断		$B=2$ mm
4	T0404	ϕ28麻花钻	1	钻孔		
编制		审核		批准	共　页	第　页

（7）选择切削用量

根据切削用量的选择原则，结合实际情况合理选择，如表5-11所示。

表5-11　　　　　　　　　　　　切削用量表

材料	45	零件图号		系统	FANUC-0i	工　序　号	
工步号	工步内容	刀具号	刀具规格	切削用量			备注
				转速S /(r·min⁻¹)	进给速度F/ (mm·r⁻¹)	切削深度 /mm	
主程序1	夹住棒料一头，夹持长度达约20 mm，麻花钻钻孔ϕ28（手动操作），调用主程序1加工						
1	车端面	T0101		600	0.1		
2	自右向左粗车外表面	T0101		600	0.1	2	
3	自右向左精加工外表面	T0101		1 000	0.05	0.25	
4	粗镗内表面	T0202		600	0.1	2	
5	精镗内表面	T0202		800	0.05	0.25	
6	监测、校核						

续表

材料	45	零件图号		系统	FANUC-0i		工　序　号	
工步号	工步内容		刀具号	刀具规格	切削用量			备注
					转速 S /(r·min^{-1})	进给速度 F/ (mm·r^{-1})	切削深度 /mm	
主程序2	工件掉头装夹，车端面，调用主程序2加工							
1	车端面，保证零件 60mm 的长度		T0101		600	0.1		
2	自右向左粗车外表面		T0101		600	0.1	1	
3	自右向左精加工外表面		T0101		1 000	0.05	0.25	
4	粗镗内表面		T0202		600	0.1	2	
5	精镗内表面		T0202		800	0.05	0.25	
6	监测、校核							
编制		审核		批准		共　页		第　页

（8）编制工艺文件

根据前面所述内容填写表 5-7 所示数控加工工艺卡片（略）。

本章主要介绍了数控编程的基础知识、数控机床的坐标系、数控程序的结构以及编程中数学处理的方法，还介绍了数控加工工艺的基本知识，尤其是工艺路线、工艺参数的确定，刀具、切削用量的选择，以及工艺文件的制定等。要求学生通过学习，掌握数控编程的基础知识，能够设计一般复杂零件的工艺方案以及工艺路线的制定。

1. 试述数控加工程序的编制步骤。

2. 试述数控机床坐标系的规定原则是什么。

3. 简述数控机床 X、Y、Z 轴的确定。

4. 什么是数控加工工艺？其主要内容是什么？

5. 常用数控铣刀的类型有哪些？试比较立铣刀和键槽铣刀的异同点。

6. 什么是切削用量三要素？切削用量选择的原则是什么？

7. 什么叫数控编程的数值计算？包含哪些内容?

8. 根据图 5-29 求各基点坐标。

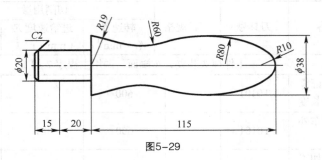

图5-29

9. 试说明基点和节点的区别。

Chapter 6

第6章
| 数控车床的编程 |

数控车床主要用于精度要求高、表面粗糙度好、轮廓形状复杂的轴类、盘类等回转体零件的加工，能够通过程序控制，自动完成内外圆柱面、圆锥面、母线为圆弧的旋转体、螺纹等工序的切削加工，并能进行切槽、钻、扩、铰孔及攻丝等工作。它是一种高精度、高效率的自动化机床，也是使用数量最多的数控机床，约占数控机床总数的 25%。

本章以 FANUC 0i-T 系统的数控车床为例介绍其程序的编制。

 认识数控车床的编程与加工

1. 学会数控车床编程的方法和步骤

图 6-1 所示为回转体类零件图，编写该零件的加工程序，首先要了解数控车床编程的特点，熟悉数控车床 G、M、F、S、T 各代码的含义及使用方法，然后按照数控机床编程的方法和步骤编写加工程序。

2. 学会应用数控仿真软件校验加工程序

根据图 6-1 所示零件图，把编写好的加工程序在数控仿真软件上进行校验，检查程序是否正确。

首先要学会数控仿真软件的使用方法，然后按照模拟加工过程进行模拟加工，检查工件形状是否正确，最后确定程序的正确性。

3. 熟悉在数控车床上加工零件的方法和步骤

采用图 6-1 所示零件图中的数据，把校验正确的程序输入到数控车床上进行加工。注意观察

零件加工的方法和步骤。

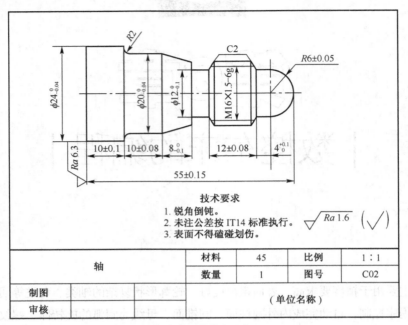

图6-1　回转体类零件图

6.2

数控车床编程基础

6.2.1　数控车床的坐标系

1. 数控车床的原点

数控车床的坐标系如图 6-2 所示，其中图 6-2（a）所示为刀架前置的数控车床坐标系，图 6-2（b）所示为刀架后置的数控车床坐标系。

数控车床的坐标系规定：平行于主轴轴线方向为 Z 轴方向，且刀具远离工件为正；垂直于主轴的方向为 X 轴方向，且刀具远离工件为正（刀架前置的数控车床 X 轴正方向朝前，刀架后置的数控车床 X 轴的正方向朝后）。

数控机床坐标系原点也称机械原点，是一个固定点，其位置由制造厂家确定。数控车床坐标系原点一般位于卡盘前端面与主轴轴线的交点上或卡盘后端面与主轴轴线的交点上。

2. 数控车床参考点

机床参考点是由机床限位行程开关和基准脉冲来确定的，它与机床坐标系原点有着准确的位置关系。数控车床的参考点一般位于行程的正极限点上，如图 6-3 所示。通常机床通过返回参考点的操作来找到机械原点，所以开机后、加工前首先要进行返回参考点的操作。

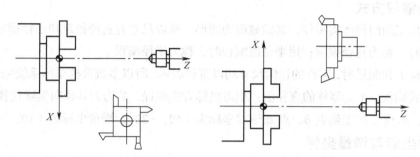

（a）刀架前置的数控车床的坐标系　　　　　（b）刀架后置的数控车床的坐标系

图6-2　数控车床的坐标系

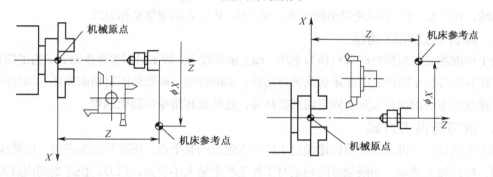

（a）刀架前置的机床参考点　　　　　（b）刀架后置的机床参考点

图6-3　数控车床的机床参考点

3. 工件坐标系

工件坐标系是编程人员根据零件的形状特点和尺寸标注的情况，为了方便计算出编程的坐标值而建立的坐标系。工件坐标系的方向必须与机床坐标系的方向彼此平行，方向一致。数控车削零件的工件坐标系原点一般位于零件右端面或左端面与轴线的交点上，如图 6-4 所示。

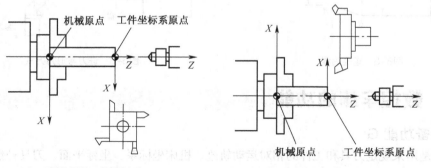

（a）刀架前置的工件坐标系　　　　　（b）刀架后置的工件坐标系

图6-4　数控车床的工件坐标系

6.2.2 数控车床的编程特点

1. 直径编程方式

数控车床加工的回转体类零件，其横截面为圆形，所以尺寸有直径指定和半径指定 2 种方法。用直径值编程时，称为直径编程；用半径值编程时，称为半径编程。

由于在图样上和测量时，零件的径向尺寸均以直径表示，所以多数数控车床系统采用直径编程。即绝对坐标方式编程，X 为零件的直径值；相对坐标方式编程，X 为刀具径向实际位移量的 2 倍。如图 6-5 所示，从点 A 加工到点 B，点 B 绝对坐标为（40，-20），增量坐标为（10，-20）。

2. 绝对坐标与增量坐标

在一个程序段中，可分别采用绝对坐标方式或增量坐标方式编程，也可采用二者混合编程。在程序编制过程中，合理地使用绝对坐标方式与增量坐标方式编程，将简化加工程序的设计。在 FANUC 数控系统，用 "X、Z" 表示绝对坐标方式，用 "U、W" 表示增量坐标方式。

3. 具有固定循环功能

由于车削加工常用棒料或锻料作为毛坯，加工余量较大，加工时需要多次走刀。为了简化编程，数控车床具备各种不同形式的固定切削循环功能，如圆柱面、圆锥面固定切削循环，端面固定切削循环，螺纹固定切削循环及复合固定切削循环等，这些循环指令可简化编程。

4. 进刀与退刀方式

对于车削加工，进刀时采用快速接近工件起点附近的某个点，再改用切削进给，以减少空走刀的时间，提高加工效率。切削起点的确定与工件毛坯余量大小有关，以刀具快速走到该点刀尖不与工件发生碰撞为原则，如图 6-6 所示。

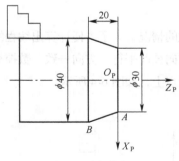

图6-5 直径编程

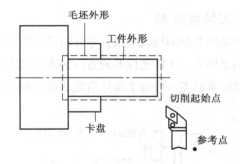

图6-6 进刀与退刀方式

6.2.3 数控车床的功能

1. 准备功能 G

G 指令是用来规定刀具和工件的相对运动轨迹、机床坐标系、坐标平面、刀具补偿和坐标偏置等多种加工操作的。不同的数控系统，G 指令的功能不同，编程时需要参考机床厂家的编程说明书。本章主要介绍 FANUC 0i-T 系统的编程指令，其功能如表 6-1 所示。

表 6-1 准备功能代码表

G 代码	组	功　　能	G 代码	组	功　　能
* G00		定位（快速进给）	* G54		选择工件坐标系 1
G01	01	直线插补（切削进给）	G55		选择工件坐标系 2
G02		圆弧插补（CW，顺时针）	G56		选择工件坐标系 3
G03		圆弧插补（CCW，逆时针）	G57	14	选择工件坐标系 4
G04	00	暂停	G58		选择工件坐标系 5
G17		平面选择：*XY* 平面	G59		选择工件坐标系 6
G18	16	平面选择：*XZ* 平面	G65	00	宏指令简单调用
G19		平面选择：*YZ* 平面	G70		精加工循环
G20	06	英制输入	G71		内、外径粗切复合循环
G21		公制输入	G72	06	端面车削复合循环
G27	00	返回参考点检查	G73		闭环车削复合循环
G28		返回参考点	G76		螺纹切削复合循环
G33	01	恒螺纹切削	G90	03	绝对编程
G34		变螺纹切削	G91		相对编程
* G40		取消刀尖半径补偿	G96	02	恒线速度切削
G41	07	刀尖半径左补偿	* G97		恒转速度切削
G42		刀尖半径右补偿	G94	05	每分钟进给
G92	00	设定工件坐标系	* G95		每转进给

注：带 * 者表示开机时会初始化的代码。

2．辅助功能（M 功能）

辅助功能是用来指令机床辅助动作的一种功能，它由地址符 M 及其后的 2 位数字组成。常见的 M 代码如表 6-2 所示。

表 6-2 辅助功能代码表

代　　码	功　　能	代　　码	功　　能
M00	程序停止	M05	主轴停
M01	选择性程序停止	M08	切削液启动
M02	程序结束	M09	切削液停
M30	程序结束复位	M98	子程序调用
M03	主轴正转	M99	子程序结束
M04	主轴反转		

M 指令常因生产厂家及机床的结构和规格不同而各异。下面对一些常用的 M 功能指令作一说明。

（1）程序停止指令 M00

M00 实际上是一个暂停指令。当执行有 M00 指令的程序段后，主轴停转、进给停止、切削液关、程序停止。程序运行停止后，模态（续效）信息全部被保存，利用机床的"启动"键，便可继续执行后续的程序。该指令经常用于加工过程中测量工件的尺寸、工件调头、手动变速等操作。

（2）选择停止指令 M01

该指令的作用与 M00 相似，但它必须是在预先按下操作面板上的"选择停止"按钮并执行到 M01 指令的情况下，才会停止执行程序。如果不按下"选择停止"按钮，M01 指令无效，程序继续执行。该指令常用于工件关键性尺寸的停机抽样检查等，当检查完毕后，按"启动"键可继续执行以后的程序。

（3）程序结束指令 M02、M30

该指令用在程序的最后一个程序段中。当全部程序结束后，用此指令可使主轴、进给及切削液全部停止，并使机床复位。M30 与 M02 基本相同，但 M30 能自动返回程序起始位置，为加工下一个工件作好准备。

（4）与主轴有关的指令 M03、M04、M05

M03 表示主轴正转，M04 表示主轴反转。所谓正转，是从主轴向 Z 轴正向看，主轴顺时针转动；而主轴反转时，观察到的转向则相反。M05 为主轴停止，它是在该程序段其他指令执行完以后才执行的。

（5）与切削液有关的指令 M08、M09

M08 为切削液开或切屑收集器开，M09 为切削液关。

（6）与子程序有关的指令 M98、M99

M98 为调用子程序指令，M99 为子程序结束并返回到主程序的指令。

3. 进给功能（F 功能）

F 功能表示刀具的进给速度，它由地址符 F 及其后面的数字组成。

F 代码用 G94 和 G95 2 个 G 指令来设定进给速度的单位。用 G94 表示刀具每分钟移动的距离，用 G95 表示主轴每转一转刀具移动的距离。

如：G94　G01 X__ Z__ F12.3；表示刀具 1min 移动了 12.3mm，即 F=12.3mm/min；

G95 G01 X__ Z__ F1.23；表示主轴转一圈，刀具移动了 1.23mm，即 F=1.23mm/r。

4. 主轴功能（S 功能）

主轴功能主要用来指令主轴的转速或速度，它由地址符 S 及其后面的数字组成。

主轴转速的计量单位有 2 种，一种是 r/min，另一种是 m/min。

（1）恒线速度控制指令 G96

在车削端面、圆锥面或圆弧面时，用 G96 指令恒线速度，使工件上任意一点的切削速度都一样。

例如：G96　S125；表示主轴恒线速度为 125m/min。

（2）恒转速控制指令 G97

直接指令主轴速度，转速恒定。

例如：G97　S1000；表示主轴恒转速度为 1000r/min。

5. 刀具功能（T 功能）

刀具功能主要用来选择刀具，也可用来选择刀具补偿号，它由地址符 T 及其后面的数字组成。在车床上通常 T 后面有 4 位数字，前 2 位是刀具号，后 2 位为刀具补偿号。

例如，T0202 前 2 位 02 表示选用 02 号刀，后 2 位 02 表示调用 02 补偿号设定的补偿值，其补偿值存储在刀具补偿存储器内。

数控车床编程技术

6.3.1　常用基本指令

1．绝对坐标编程与相对坐标编程 G90、G91

功能：G90 指令表示程序段中的运动坐标数字为绝对坐标值，刀具运动的终点是用绝对坐标；G91 指令表示程序段中的运动坐标数字为相对坐标值，刀具运动的终点是用相对坐标。

格式：G90　X__ Z__　　　　　　　　绝对坐标值编程

　　　 G91　U__ W__　　　　　　　　相对坐标值编程

① X、Z——绝对坐标值，X 后面的数字为直径值。

② U、W——相对坐标值，U 后面的数字为 X 方向实际移动量的 2 倍值。

2．快速点定位指令 G00

功能：刀具以点位控制方式从当前点快速移动到目标点。

格式：G00　X（U）__ Z（W）__

① X、Z——绝对编程时刀具的终点坐标；

　 U、W——相对编程时刀具相对起点的位移量。

② 快速定位，无运动轨迹要求，移动速度已由生产厂家预先设定，与程序段中指定的进给速度无关。

③ G00 指令是模态代码。

如图 6-7 所示，可用指令 G00 实现从起点 P_1 快速运动到目标点 P_2。

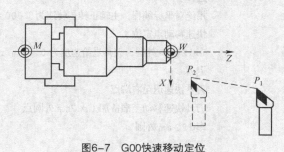

图6-7　G00快速移动定位

3. 直线插补指令 G01

功能：刀具从当前点出发，按指定的进给速度直线移动到目标点。

格式：G01 X（U）__ Z（W）__ F__

说明

① X、Z——绝对编程时刀具的终点坐标；

　　U、W——相对编程时刀具相对起点的位移量。

② F 表示进给速度，在 G01 程序段中或之前必须含有 F 指令。

③ G01 指令是模态指令。

G01 指令的应用如图 6-8 所示。

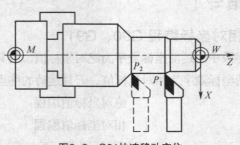

图6-8　G01快速移动定位

例 6-1　在卧式车床上加工图 6-9 所示的轴类零件，毛坯为 ϕ25 mm 的棒料，编写加工程序。

解：

（1）确定工艺方案

① 加工路线：车 ϕ24mm 外圆 → 车 ϕ22mm 外圆。

② 选择刀具：T0101 外圆车刀。

③ 确定切削用量：a_p=1mm，S=1 000 r/min，F=0.2 mm/r。

（2）数学处理

建立工件坐标系：为右端中心位置。

（3）编写零件加工程序

① 绝对坐标编程

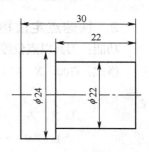

图6-9　车外圆

O0001	程序名
N10　T0101	选择 1 号刀
N20　G90　M03　S1000	用绝对坐标编程，主轴正转，转速为 1 000 r/mm
N30　G00　X24　Z2	快速移动点定位
N40　G01　Z-30　F0.2	车 ϕ24 mm 外圆，刀具进给速度为 0.2 mm/r
N50　X28	退刀
N60　G00　Z2	刀具快速退至右端点
N70　X22	刀具快速移动至准备加工 ϕ22mm 外圆点
N80　G01　Z-22　F0.2	车 ϕ22 mm 外圆
N90　X28	退刀

```
N100 G00  X50  Z200                刀具快速返回到起始点
N110 M05                           主轴停
N120 M30                           程序结束
```

② 相对坐标编程

```
O0002
N10  T0101                         选择1号刀
N20  M03  S1000                    主轴正转，转速为1 000 r/mm
N30  G00  X24 Z2                   快速移动点定位
N40  G91  G01  Z-32  F0.2          相对坐标，车φ24 mm外圆，进给速度为0.2 mm/r
N50  X4                            退刀
N60  G00  Z32                      刀具快速退至右端点
N70  X-6                           刀具快速移动至准备加工φ22 mm外圆点
N80  G01  Z-24  F0.2               车φ22 mm外圆
N90  X6                            退刀
N100 G90  G00  X50     Z200        绝对坐标，刀具快速返回到起始点
N110 M05                           主轴停
N120 M30                           程序结束
```

4. 暂停指令 G04

功能：该指令可使刀具作短时间停顿。应用于车削沟槽或钻孔时，为提高槽底或孔底的表面加工质量及有利于铁屑充分排出，在加工到孔底或槽底时，暂停适当时间。

格式：G04　P__

① 非模态代码，暂停时间过后，继续执行下一段程序。

② P——暂停时间，P后面用整数表示，单位为ms。

如 G04　P1000；表示暂停1 000 ms。

5. 圆弧插补指令 G02、G03

功能：G02、G03 指令使刀具在指定平面内，按给定的 F 进给速度作圆弧插补运动。

格式：$\begin{Bmatrix} G02 \\ G03 \end{Bmatrix}$ X(U)__ Z(W)__ $\begin{Bmatrix} I__ & K__ \\ R__ \end{Bmatrix}$ F__

① G02 顺时针圆弧插补；G03 逆时针圆弧插补。

判断圆弧插补方向：沿 Y 轴负方向观察，在 XZ 坐标平面内，顺时针圆弧插补指令用 G02，逆时针圆弧插补指令用 G03，如图6-10（a）所示。要注意刀架前置和刀架后置2种情况下 G02、G03 方向的差别，如图6-10（b）所示。

② X、Z——绝对坐标编程时，圆弧终点的坐标值；U、W——相对坐标编程时，圆弧终点相对于圆弧起点的坐标增量值。

③ I、K——分别与 X、Z 相对应，为圆心相对于圆弧起点的增量坐标，即等于圆心的坐标减去圆弧起点的坐标，在绝对、相对编程时都是以增量方式指定。

④ R——圆弧半径，同时与 I、K 使用时无效。

⑤ F——进给速度。

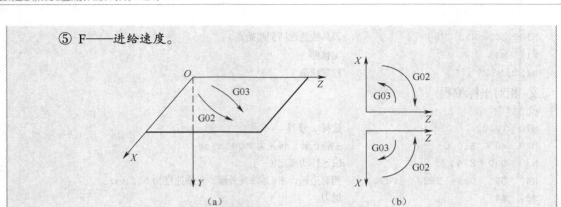

图6-10　圆弧插补G02、G03方向的规定

例 6-2　在卧式车床上加工图 6-11 所示的轴类零件，毛坯为 ϕ20 mm 的铝棒料，编写加工程序。

解：

（1）确定工艺方案

① 加工路线：车ϕ18mm 外圆→车ϕ14mm 外圆→车半圆球 SR 7mm→车半圆球 SR 7mm。

② 选择刀具：T0101 外圆车刀。

③ 确定切削用量：a_p=1 mm，S=1 000 r/min，F=0.2 mm/r。

（2）数学处理

建立工件坐标系：为右端中心位置。

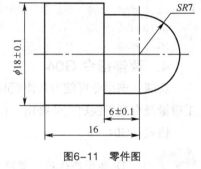

图6-11　零件图

（3）编写零件加工程序

```
O0002
N10    T0101
N20    M03    S1000
N30    G00    X18    Z2
N40    G01    Z-23   F0.2
N50    G00    X22
N60    Z2
N70    X16
N80    G01    Z-13   F0.2
N90    X22
N100   G00    Z2
N110   X14
N120   G01    Z-13   F0.2
N130   X22
N140   G00    Z1
N150   X0
N160   G03    X16    Z-7    R8    F0.2
N170   G00    X22
N180   Z0
N190   X0
N200   G03    X14    Z-7    R7    F0.2
N210   G00    X50
N220   Z150
N230   M05
N240   M30
```

例6-3 在卧式车床上加工如图 6-12 所示的轴类零件，毛坯为 $\phi 25$ mm 的铝棒料，编写加工程序。

解：

（1）确定工艺方案

① 加工路线：车 $\phi 24$mm 外圆 → 车各表面至图纸尺寸。

② 选择刀具：T0101 外圆车刀。

③ 确定切削用量：$a_p = 1$ mm，$S = 1\,000$ r/min，$F = 0.2$ mm/r。

（2）数学处理

建立工件坐标系：为右端中心位置。

（3）编写零件加工程序

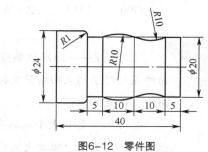

图6-12 零件图

```
O0003
N10    T0101
N20    M03   S1000
N30    G00   X24     Z2
N40    G01   Z-40    F0.2
N50    X28
N60    G00   Z2
N70    X20
N80    G01   Z-5      F0.2
N90    G02   X20     Z-15      R10
N100   G03   X20     Z-25      R10
N110   G01   Z-30
N120   X22
N130   G03   X24     Z-31     R1
N140   G01   x24     Z-40
N150   G00   X50
N160   Z150
N170   M05
N180   M30
```

6.3.2 单一固定循环指令

单一固定循环可以将一系列连续加工动作，如"切入 → 切削 → 退刀 → 返回"，用一个循环指令完成，从而简化编程。

1. 圆柱面、圆锥面切削循环 G90

功能：圆柱面、圆锥面切削循环是一种单一固定循环，圆柱面单一固定循环如图 6-13 所示，圆锥面单一固定循环如图 6-14 所示。

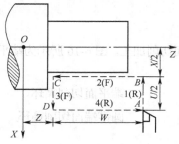

图6-13 圆柱面单一固定循环

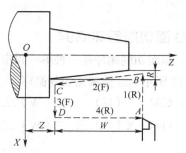

图6-14 圆锥面单一固定循环

格式：G90 X（U）__ Z（W）__ F__   圆柱面切削循环
　　　 G90 X（U）__ Z（W）__ R__ F__   圆锥面切削循环

说明

① X、Z——绝对值编程时，为切削终点 C 的坐标；U、W——相对坐标编程时，为终点相对于起点的增量坐标，即切削终点 C 相对于循环起点 A 的有向距离，图形中用 U、W 表示。

② R——锥体大小端的半径差，用增量值表示，其符号取决于刀具起于锥端面的位置。当刀具起于锥端大头时，R 为正值；起于锥端小头时，R 为负值，即起点坐标大于终点坐标时，R 为正值，反之为负。该指令执行轨迹为 A→B→C→D→A，如图 6-14 所示。

例 6-4 编写图 6-15 所示零件的加工程序。

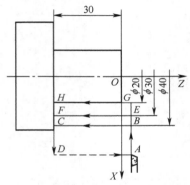

图6-15 圆柱面切削循环实例

解：零件程序编写如下。

```
O0004
N10  T0101
N20  M03        S1000
N30  G00        X50        Z2
N40  G90        X40        Z-30      F0.2
N50  X30
N60  X20
N70  G00        X100       Z100
N80  M05
N90  M30
```

2. 端面切削循环 G94

功能：端面切削循环是一种单一固定循环，适用于端面切削加工。图 6-16 所示为端平面切削循环，图 6-17 所示为圆锥端面切削循环。

格式：G94 X（U）__ Z（W）__ F__   端平面切削循环
　　　 G94 X（U）__ Z（W）__ R__ F__   圆锥端面切削循环

① X（U）、Z（W）、F——含义与圆柱面切削循环 G90 基本相同。

② R——端面切削的起点相对于终点在 Z 轴方向的坐标分量。当起点 Z 向坐标小于终点向坐标时 R 为负值，反之为正，如图6-17所示。

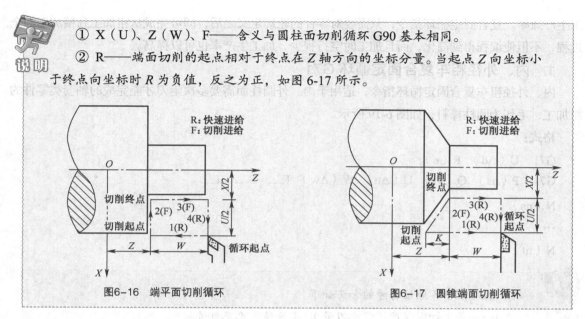

图6-16 端平面切削循环　　　图6-17 圆锥端面切削循环

例 6-5　编写图 6-18 所示工件的加工程序。

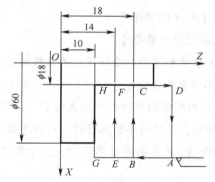

图6-18 端面切削循环实例

解：零件程序编写如下。

```
O0005
N10  T0101
N20  M03      S1000
N30  G00      X70       Z25
N40  G94      X18       Z18   F0.2
N50  Z14
N60  Z10
N70  G00      X100      Z100
N80  M05
N90  M30
```

6.3.3　复合固定循环指令

前面讲的单一固定循环加工指令，虽然能够简化编程，但是加工时空行程较多，不利于提高加

工生产效率。复合固定循环指令，只需要对零件的轮廓定义之后，即可完成从粗加工到精加工的全过程，不但使编程得到简化，而且加工时空行程少，加工生产率也可以提高。

1．内、外径粗车复合固定循环 G71

内、外径粗车复合固定循环指令，适用于内、外圆柱面需要多次走刀才能完成的轴套类零件的粗加工，毛坯为圆柱棒料，如图 6-19 所示。

格式：

G71　U（Δd）　R（e）

G71　P（ns）　Q（nf）　U（Δu）　W（Δw）　F__　S__　T__

N（ns）

…

N（nf）

① 程序段中各地址符号的含义如下。

Δd——每次切削深度（背吃刀量），半径值，无正负号。

e——每次退刀量，半径值。

ns——精加工程序第 1 程序段顺序号。

nf——精加工程序最后程序段顺序号。

Δu——X 方向精加工余量和方向，直径值；为负值时，表示内径粗车循环。

Δw——Z 方向精加工余量和方向。

② 含在 G71 程序段中的或前面程序段中指定的 F、S、T 功能有效，包含在 ns～nf 程序段中的 F、S、T 功能，只对精车循环有效，对粗车循环无效。

③ 零件轮廓必须符合 X、Z 方向同时单调增大，即无凹槽加工的毛坯粗切循环指令。

④ G71 指令必须带有 P、Q 地址 ns、nf，且与精加工路径起、止顺序号对应，否则不能进行循环加工。

⑤ ns 的程序段必须为 G00 或 G01 指令，即从 A 到 A'的动作必须是直线或点定位运动，且程序段中不应编有 Z 向移动指令。

⑥ 在顺序号 ns 到顺序号 nf 的程序段中，不能调用子程序。

例 6-6　在卧式车床上加工图 6-20 所示的轴类零件，试编写加工程序。

解：零件程序编写如下。

```
O0006
N10    T0101
N20    M03        S1000
N30    G00        X46      Z2
N40    G71        U1.5     R1
N50    G71        P60      Q130    U0.2    W0.1    F0.25
```

```
N60   G01   X2
N70   X10   Z - 2
N80   Z-20
N90   G02   X20   Z-25   R5
N100  G01   Z-35
N110  G03   X34   Z-42   R7
N120  G01   Z-52
N130  X44   Z-62
N140  G00   X100  Z200
N150  M05
N160  M30
```

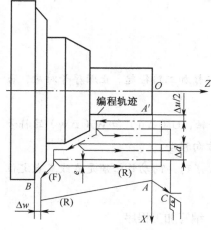

图6-19　内、外径粗切复合循环

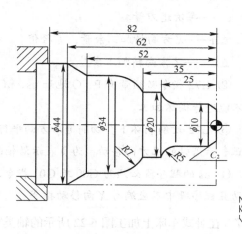

图6-20　G71外径粗切复合循环编程实例

2. 端面粗车复合循环 G72

端面粗车复合固定循环指令，适用于 X 轴方向尺寸较大而 Z 轴方向尺寸较小的盘类零件的粗加工，毛坯为圆柱棒料，如图 6-21 所示。

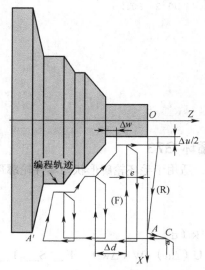

图6-21　端面粗切复合循环

格式：

G72　W（Δd）　R（e）

G72　P（ns）　　Q（nf）　U（Δu）　W（Δw）　F__　S__　T__

N（ns）

…

N（nf）

① 程序段中各地址符号的含义如下。

Δd——每次切削深度（背吃刀量），无正负号。

e——每次退刀量。

Δu——X方向精加工余量，直径值。

Δw——Z方向精加工余量。

② G72 指令必须带有 P、Q 地址 ns、nf，且与精加工路径起、止顺序号对应，否则不能进行循环加工。

③ G72 切削循环下，切削进给方向平行于 X 轴，U（Δu）和 W（Δw）的符号为正表示沿轴的正方向移动，为负表示沿轴的负方向移动。

④ ns 的程序段必须为 G00 或 G01 指令，即从 A 到 A' 的动作必须是直线或点定位运动且程序段中不应编有 X 向移动指令。

例 6-7　在卧式车床上加工图 6-22 所示的轴类零件，编写加工程序。

解：零件程序编写如下。

```
O0007
N10   T0101
N20   M03   S1000
N30   G00   X136   Z2
N40   G72   W2R1
N50   G72   P60    Q110  U0.4  W0.2  F0.25
N60   G00   X108   Z-64
N70   G01   X80    Z-54
N80   X80   Z-44
N90   X48   Z-36
N100  X48   Z-20
N110  X32   Z0
N120  G00   X100   Z200
N130  M05
N140  M30
```

3. 封闭粗车复合固定循环 G73

封闭粗车复合固定循环指令，适用于毛坯轮廓形状与零件轮廓形状基本接近的铸、锻毛坯粗加工，如图 6-23 所示。

格式：

G73　U（Δi）　W（Δk）　R（d）

G73　P（ns）　Q（nf）　U（Δu）　W（Δw）　F__　S__　T__

N（ns）

...

N（nf）

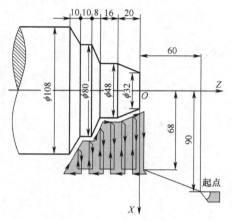

图6-22 端面粗切复合循环实例

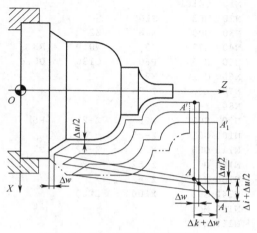

图6-23 封闭粗车复合固定循环

说明

① 地址符除 Δi、Δk、d 之外，其余与 G71 中的含义相同。

Δi——粗车时，X 轴方向需要切除的总余量（半径值）。

Δk——粗车时，Z 轴方向需要切除的总余量。

d——粗车循环次数。

② 当 Δi 和 Δk 或 Δu 和 Δw 分别由地址 U 和 W 规定时，它们的意义由 G73 程序段中的地址 P 和 Q 决定。当 P 和 Q 没有指定在同一个程序段中时，U 和 W 分别表示 Δi 和 Δk；当 P 和 Q 指定在同一个程序段中时，U 和 W 分别表示 Δu 和 Δw。

③ 有 P 和 Q 的 G73 指令执行循环加工，不同的进刀方式 Δu、Δw、Δi 和 Δk 的符号不同，应予以注意。加工循环结束时，刀具返回到 A 点。

例 6-8 在卧式车床上加工图 6-24 所示的轴类零件，试编写加工程序。

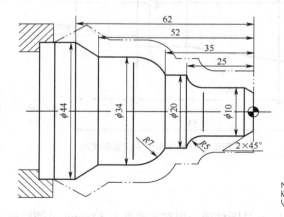

图6-24 封闭粗车复合固定循环实例

解：零件程序编写如下。

```
O0008
N10   T0101
N20   M03      S1000
N30   G00      X46      Z2
N40   G73      U3       W0.9    R3
N50   G73      P60      Q130    U0.4    W0.1    F0.25
N60   G01      X2
N70   X10      Z-2
N80   Z-20
N90   G02      X20      Z-25    R5
N100  G01      Z-35
N110  G03      X34      Z-42    R7
N120  G01      Z-52
N130  X44      Z-62
N140  G00      X100     Z200
N150  M05
N160  M30
```

4. 精车复合固定循环 G70

格式：G70　P（ns）　Q（nf）

① 当用 G71、G72、G73 指令粗车工件后，用 G70 指令精车循环，切除粗加工留的余量。

② 精车循环中 G71、G72、G73 程序段中的 F、S、T 指令都无效，只有在 ns～nf 之间指定的 F、S、T 才有效。当 ns～nf 程序段中不指定 F、S、T 时，粗车循环中指定的 F、S、T 才有效。

③ 当 G70 循环加工结束时，刀具返回到起点并读下一个程序段。

例6-9　在卧式车床上加工图 6-25 所示的轴类零件，毛坯为 ϕ25 mm 的铝棒料，试编写加工程序。

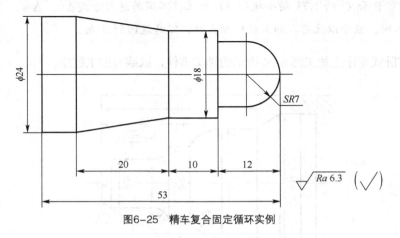

图6-25　精车复合固定循环实例

解：

（1）确定工艺方案

① 加工路线：粗车 ϕ24mm 外圆柱面→粗车圆锥面及 ϕ18mm 外圆柱面→粗车 ϕ14mm 外圆柱面

→粗车 SR7mm 球面→精车各表面至图纸尺寸→切断。

② 选择刀具：T0101——机夹外圆车刀；

T0202——切断刀，刃宽 4 mm。

③ 确定切削用量：

粗车各外圆：a_p=1 mm，S=800 r/min，F=0.2 mm/r；

精车各外圆：a_p=0.1 mm，S=1 000 r/min，F=0.15 mm/r；

切断：S=200 r/min，F=0.05 mm/r。

（2）数学处理

建立工件坐标系：为右端面中心位置。

（3）编写零件加工程序

```
O0009
N10 T0101
N20 M03 S800
N30 G00 X26 Z0
N40 G71 U1 R1
N50 G71 P60 Q120 U0.2 W0.1 F0.2
N60 G01 X0 F0.15
N70 G03 X14 Z-7 R7
N80 G01 Z-12
N90 X18
N100 Z-22
N110 X24 Z-42
N120 Z-57
N130 M03 S1000
N140 G70 P60 Q120
N150 G00 X100 Z200
N160 T0202
N170 M03 S200
N180 G00 X28 Z-57
N190 G01 X0 F0.05
N200 G00 X50
N210 Z100
N220 M05
N230 M30
```

6.3.4 螺纹车削加工指令

1. 螺纹的加工方法

在数控车床上加工螺纹的进刀方式通常有直进法和斜进法，如图 6-26 所示。直进法使刀具双侧刃切削，切削力较大，一般用于螺距或导程小于 3 mm 的螺纹加工。斜进法使刀具单侧刃切削，切削力较小，一般用于螺距或导程大于 3 mm 的螺纹加工。

加工螺距较大、牙型较深的螺纹时，常采用多次走刀、分层切削的方法进行加工。每次切削深度按递减规律分配，递减规律由数控系统设定，目的是使每次切削面积接近相等。常用螺纹切削的进给次数与背吃刀量如表 6-3 所示。

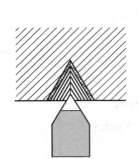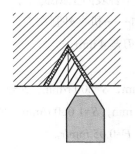

（a）直进法　　　　　　（b）斜进法

图6-26　螺纹切削进刀方法

加工多头螺纹时，首先车好一条螺纹，然后轴向移动一个螺距，再车另一条螺纹。

表 6-3　　　　　　　　常用螺纹切削的进给次数与背吃刀量

公 制 螺 纹							
螺距/mm	1.0	1.5	2.0	2.5	3.0	3.5	4.0
牙深（半径值）	0.649	0.974	1.299	1.624	1.949	2.273	2.598
（直径值）背吃刀量及切削次数							
1 次	0.7	0.8	0.9	1.0	1.2	1.5	1.5
2 次	0.4	0.6	0.6	0.7	0.7	0.7	0.8
3 次	0.2	0.4	0.6	0.6	0.6	0.6	0.6
4 次		0.16	0.4	0.4	0.4	0.6	0.6
5 次			0.1	0.4	0.4	0.4	0.4
6 次				0.15	0.4	0.4	0.4
7 次					0.2	0.2	0.4
8 次						0.15	0.3
9 次							0.2

英 制 螺 纹							
牙/in	24	18	16	14	12	10	8
牙深（半径值）	0.678	0.904	1.016	1.162	1.355	1.626	2.033
（直径值）背吃刀量及切削次数							
1 次	0.8	0.8	0.8	0.8	0.9	1.0	1.2
2 次	0.4	0.6	0.6	0.6	0.6	0.7	0.7
3 次	0.16	0.3	0.5	0.5	0.6	0.6	0.6
4 次		0.11	0.14	0.3	0.4	0.4	0.5
5 次				0.13	0.21	0.4	0.5
6 次						0.16	0.4
7 次							0.17

2. 螺纹尺寸的计算

车削螺纹时，车刀总的切削深度是牙型高度，即螺纹牙型上牙顶到牙底之间垂直于螺纹轴线的距离，如图 6-27 所示。根据 GB 192—2003 普通螺纹国家标准规定，普通螺纹的牙型理论高度 $H = 0.866P$，实际加工时，由于螺纹车刀刀尖圆弧半径的影响，螺纹实际切深有变化。

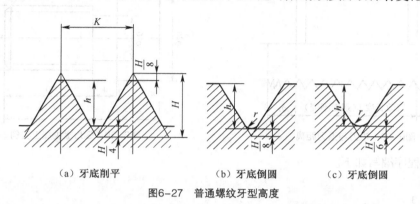

（a）牙底削平　　　　　（b）牙底倒圆　　　　　（c）牙底倒圆

图6-27　普通螺纹牙型高度

① 根据 GB 197—2003 规定，螺纹车刀可在牙底最小削平高度 $H/8$ 处削平或倒圆，如图 6-27（b）所示，则螺纹实际牙型高度可按下式计算：

$$h = H - 2（H/8）= 0.6495P$$

式中，H——螺纹原始三角形高度，$H = 0.866P$，mm；

　　　P——螺距，mm。

② 根据 ISO 国际标准化组织规定，螺纹车刀刀尖圆弧半径 $r = H/6 = 0.1443P$，如图 6-27（c）所示，则螺纹的牙型高度应按下式计算：

$$h = H - H/6 - H/8 = 0.61343P$$

3. 螺纹进刀与退刀距离

由于数控车床伺服系统在螺纹加工起始时有一个加速过程，结束前有一个减速过程，因此车削螺纹时，必须设置升速进刀距离 δ_1 和减速退刀距离 δ_2。其数值与进给系统的动态特性、螺纹精度和螺距有关，一般 $\delta_1 = 2 \sim 5$ mm，$\delta_2 = (1/4 \sim 1/2) \delta_1$。刀具实际 Z 向行程包括螺纹有效长度 L，以及升降速段距离 δ_1 和 δ_2，如图 6-28 所示。

4. 单一行程螺纹切削指令 G33

它既可以加工圆柱面螺纹，也可以加工圆锥面螺纹，还可以加工端面螺纹。

格式：G33　Z（W）__ F__　　　　　　圆柱面螺纹

　　　G33　X（U）__ Z（W）__ F__　　圆锥面螺纹

　　　G33　X（U）__ F__　　　　　　端面螺纹

说明

① X（U）、Z（W）——单行程螺纹终点坐标；F——螺纹导程。

② 在程序设计时，应将车刀的切入、切出、返回均编入程序中。

③ 当斜角 α 在 45° 以下时，螺纹导程以 Z 方向指定；当斜角 α 在 45° ～90° 时，以 X 轴方向指定。

例 6-10　在卧式车床上加工图 6-29 所示的轴类零件，其他部位已加工好，试用 G33 指令编写螺纹加工程序。

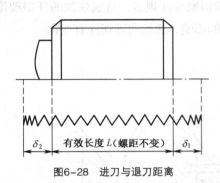

图6-28　进刀与退刀距离

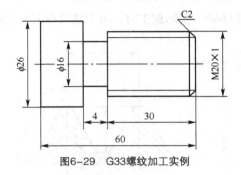

图6-29　G33螺纹加工实例

解：零件程序编写如下。

```
O0010
N10  T0303
N20  M03  S200
N30  G00  X19.3  Z5
N40  G33  Z-32  F1          第 1 刀车螺纹背吃刀量（直径值）=0.7
N50  G00  X28
N60  Z5
N70  X18.9
N80  G33  Z-32  F1          第 2 刀车螺纹背吃刀量（直径值）=0.4
N90  G00  X28
N100 Z5
N110 X18.7
N120 G33  Z-32  F1          第 3 刀车螺纹背吃刀量（直径值）=0.2
N130 G00  X50
N140 Z200
N150 M05
N160 M30
```

5. 单一固定循环螺纹切削指令 G92

单一固定循环车削螺纹指令可以把一系列连续加工动作，如"切入→切削→退刀→返回"，用一个循环指令完成，从而简化编程。

格式：G92　X（U）__ Z（W）__ F__　　　　　　直螺纹切削循环

　　　G92　X（U）__ Z（W）__ R__ F__　　　　锥螺纹切削循环

① X（U）、Z（W）——螺纹终点坐标。

② R——螺纹的锥度，其值为锥螺纹大、小径的半径差。

③ F——螺纹导程。

直螺纹切削循环如图 6-30 所示，锥螺纹切削循环如图 6-31 所示。

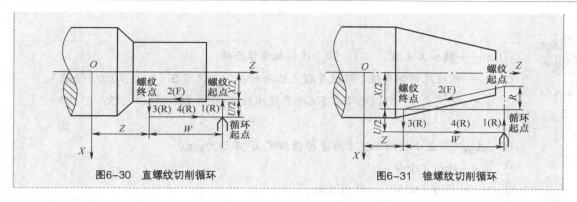

图6-30 直螺纹切削循环   图6-31 锥螺纹切削循环

例 6-11 在卧式车床上加工图 6-29 所示的轴类零件，其他部位已加工好，试用 G92 指令编写螺纹加工程序。

解：零件程序编写如下。

```
O0011
N10   T0303
N20   M03  S200
N30   G00  X28  Z5
N40   G92  X19.3  Z-32  F1        第 1 刀车螺纹背吃刀量（直径值）=0.7
N50   G92  X18.9  Z-32  F1        第 2 刀车螺纹背吃刀量（直径值）=0.4
N60   G92  X18.7  Z-32  F1        第 3 刀车螺纹背吃刀量（直径值）=0.2
N70   G00  X50
N80   Z200
N90   M05
N100  M30
```

6. 螺纹切削复合循环指令 G76

使用螺纹切削复合循环指令 G76，只需要一个程序段就可以完成整个螺纹的加工，其进给方式如图 6-32 所示。

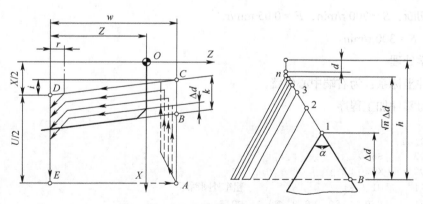

图6-32 螺纹切削复合循环指令G76

格式：G76 P(m) (r) （α） Q(Δd_min) R(d)

$\qquad$ G76 X(U) Z(W) R(i) P(k) Q(Δd) F___

① m——精加工次数，从1～99，该参数为模态值。

② r——螺纹尾部倒角值（螺纹导程 L 已知时，倒角值可在（0～9.9）L（任选）。

③ α——刀尖角度，可以选择以下6个角度中的任一个：80°、60°、55°、30°、29°、0°。

④ Δd_{min}——最小切削深度（用半径值指定），单位为μm。

⑤ d——精加工余量。

⑥ X（U）、Z（W）——终点坐标。

⑦ i——螺纹两端的半径差，如 i=0，为圆柱螺纹切削方式。

⑧ k——螺纹牙型高度，X 轴方向的半径值，单位为μm。

⑨ Δd——第1刀切削深度，X 轴方向的半径值，单位为μm。

⑩ F——螺纹导程。

例 6-12 在卧式车床上加工图 6-33 所示的轴类零件，毛坯为 $\phi 25$ mm 的铝棒料，编写加工程序。

解：（1）确定工艺方案

① 加工过程：粗车外圆各表面→精车各表面至图纸尺寸→切退刀槽→车螺纹→切断。

② 选择刀具：T0101 为外圆车刀；T0202 为切槽、切断刀，刀宽 4 mm；T0303 为螺纹车刀。

③ 确定切削参数。

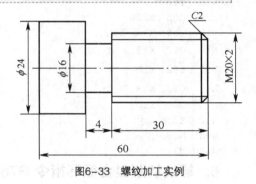

图6-33　螺纹加工实例

粗车外圆：$a_p = 1$ mm，$S = 800$ r/min，$F = 0.2$ mm/r。

精车外圆：$a_p = 0.1$ mm，$S = 1\ 000$ r/min，$F = 0.1$ mm/r。

切槽、切断：$S = 200$ r/min，$F = 0.05$ mm/r。

车螺纹：$S = 300$ r/min。

（2）数学处理

建立工件坐标系：为右端中心位置。

（3）编写零件加工程序

```
O0012
N10    T0101
N20    M03    S800
N30    G00    X26  Z2
N40    G71    U1   R1                          粗车外圆循环
N50    G71    P60  Q100  U0.2  W0.1  F0.2
N60    G01    X12  F0.1
N70    X20    Z-2
N80    Z-34
N90    X24
N100   Z-65
```

```
N110   M03      S1000
N120   G70      P60   Q100              精车外圆循环
N130   G00      X50   Z150
N140   T0202
N150   M03      S200
N160   G00      Z-34
N170   X28
N180   G01      X16   F0.05             切退刀槽
N190   G04      P2000
N200   G00      X50
N210   Z200
N220   T0303
N230   M03      S300
N240   G00      X20   Z4
N250   G76      P020060      Q100      R0.1      车螺纹
N260   G76      X17.4  Z-32R0       P1298    Q200    F2
N270   G00      X50
N280   Z200
N290   T0202
N300   M03      S200
N310   G00      X28   Z-64
N320   G01      X0    F0.05                        切断
N330   G00      X50
N330   Z200
N350   M05
N360   M02
```

6.3.5 刀具补偿功能

刀具补偿功能是数控车床的主要功能之一，它分为2类：刀具的位置补偿和刀尖圆弧半径补偿。

1. 刀具的几何位置和磨损补偿

实际加工中，常用不同尺寸、不同位置的若干把刀具加工同一工件，如图 6-34 所示。在编程时，常以其中一把刀具为基准，并以该刀具的刀尖位置 A 为依据来设定编程坐标系。这样，当其他刀具转到加工位置 B 时，刀尖的位置就会有径向（ΔX）和轴向（ΔZ）的偏差，原设定的编程坐标系对这些刀具就不适用。此外，每把刀具在加工过程中都有不同程度的磨损，磨损前后刀尖的位置也会存在偏差。因此应对 A、B 2 点位置的偏移量 ΔX、ΔZ 进行补偿，使刀尖在加工前由位置 B 移至位置 A，以保证不同刀具在同一程序中有一致的坐标，这个过程又称为对刀操作。

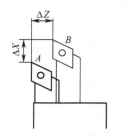

图6-34 刀具的几何位置补偿

通过对刀将刀具偏移量人工算出后输入数控系统；或把对刀时屏幕显示的有关数值直接输入数控系统，由系统自动算出刀具偏移量，存入刀具补偿存储器中。

2. 刀尖的圆弧半径补偿

数控车床是以刀具的刀尖对刀的，但加工时选用车刀的刀尖不可能绝对尖，总有一个小圆弧。

如图 6-35 所示，对刀时，刀尖位置是一个假想刀尖 A，编程时是按 A 点轨迹编程，即工件轮廓与假想刀尖 A 重合；而车削时，实际切削点是圆弧与工件轮廓表面的切点。

若工件要求不高或留有精加工余量，可忽略此误差；否则应考虑刀尖圆弧半径对工件形状的影响，对刀尖圆弧半径进行补偿，称刀具圆弧半径补偿。

（1）刀具圆弧半径补偿的方法

刀具半径补偿的方法是通过操作面板向系统存储器中输入刀具半径补偿参数，编程时按零件轮廓编程，并在程序中采用刀具半径补偿指令。当系统执行半径补偿指令时，数控装置读取系统存储器中相应刀具半径补偿参数，并使刀具按刀尖圆弧圆心轨迹运动。即执行刀具半径补偿后，刀具自动偏离工件轮廓一个刀尖圆弧半径值，从而加工出所要求的工件轮廓，如图 6-36 所示。

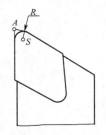

图6-35 假想刀尖

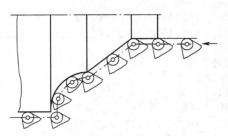

图6-36 刀具圆弧半径补偿

（2）刀具圆弧半径补偿参数

① 刀尖半径。加工工件形状与刀尖圆弧半径大小有直接关系，必须将刀尖圆弧半径尺寸输入系统的存储器中。

② 车刀形状和位置。车刀形状有很多，它能决定刀尖圆弧所处的位置，因此也要把代表车刀形状和位置的参数输入到存储器中。车刀形状和位置共有 9 种，如图 6-37 所示。

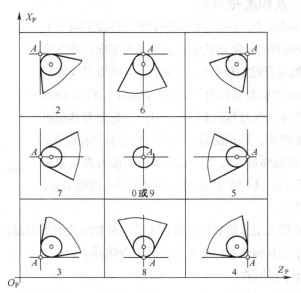

图6-37 刀尖圆弧的位置

（3）刀具圆弧半径补偿指令

格式：$\begin{Bmatrix} G41 \\ G42 \end{Bmatrix} \begin{Bmatrix} G01 \\ G00 \end{Bmatrix}$ X__Z__

G40

① G41——刀具的左补偿指令，顺着刀具运动方向看，刀具在工件的左边称左补偿，如图 6-38（a）所示。

② G42——刀具的右补偿指令，顺着刀具运动方向看，刀具在工件的右边称右补偿，如图 6-38（b）所示。

③ G40——取消刀具半径补偿。

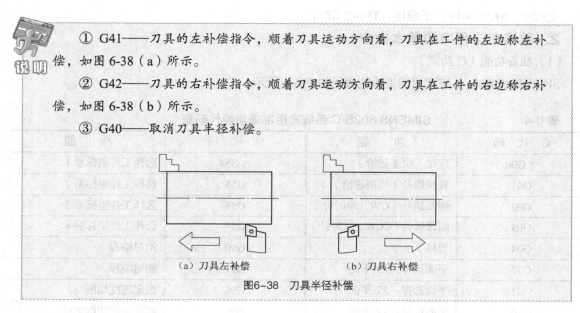

（a）刀具左补偿　　　　　　　　　（b）刀具右补偿

图6-38　刀具半径补偿

6.4　数控车床其他系统简介

数控车床种类不同，配置数控系统不同，其编程格式和指令也不尽相同，具体编程要详细阅读机床和数控系统的说明书。本节简要介绍 SIMENS 802S/C 系统数控车床的编程。

6.4.1　SIMENS 802S/C 系统编程基础

1. 程序名

SIMENS 802S/C 数控系统要求每个主程序和子程序都有一个程序名。

（1）程序名命名规则

① 开始的 2 个符号必须是字母；

② 其后的符号可以是字母、数字或下划线；

③ 最多为 8 个字符；

④ 不得使用分隔符。

（2）程序扩展名

主程序扩展名为 ".MPF"；子程序扩展名为 ".SPF"。

（3）举例

主程序：SK01.MPF；子程序：TES02.SPF。

2. 数控车床程序的基本指令

（1）准备功能（G 功能）

SIMENS 802S/C 系统常用准备功能代码如表 6-4 所示。

表 6-4　　　　　　　　　　SIMENS 802S/C 系统常用准备功能代码表

G 代 码	功 能	G 代 码	功 能
* G00	定位（快速进给）	* G54	选择工件坐标系 1
G01	直线插补（切削进给）	G55	选择工件坐标系 2
G02	圆弧插补（CW，顺时针）	G56	选择工件坐标系 3
G03	圆弧插补（CCW，逆时针）	G57	选择工件坐标系 4
G04	暂停	G90	绝对编程
G17	平面选择：XY 平面	G91	相对编程
* G18	平面选择：XZ 平面	G96	恒定速度切削
G19	平面选择：YZ 平面	G97	删除恒定切削速度
G70	英制输入	G94	每分钟进给 mm/min
* G71	公制输入	* G95	每转进给 mm/r
* G40	取消刀尖半径补偿	G22	半径尺寸
G41	刀尖半径左补偿	* G23	直径尺寸
G42	刀尖半径右补偿	G74	回参考点

注：带 * 者表示是开机时会初始化的代码。

（2）辅助功能（M 功能）

SIMENS 802S/C 系统常用辅助功能代码如表 6-5 所示。

表 6-5　　　　　　　　　　辅助功能代码表

代 码	功 能	代 码	功 能
M00	程序停止	M05	主轴停
M01	选择性程序停止	M07	切削液启动
M02	程序结束	M09	切削液停
M30	程序结束复位	M06	更换刀具
M03	主轴正转	M17	子程序结束
M04	主轴反转		

6.4.2 SIMENS 802S/C 系统应用举例

例 6-13 在卧式车床上加工图 6-39 所示的轴类零件，毛坯为 $\phi 25$ mm 的铝棒料，试用 SIMENS 802S/C 系统编写加工程序。

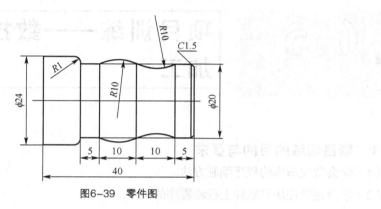

图6-39 零件图

解： 零件程序编写如下。

CL01.MPF			程序名
N10	M06	T01	
N20	M03	S500	建立工件坐标系，主轴正转，换 T01 刀具
N30	G54	G00X20.4 Z2	
N40	G01	Z-5F0.2	
N50	G02	X20.4 Z-15 CR=10 F0.1	顺时针粗车圆弧
N60	G03	X20.4 Z-25 CR=10 F0.1	逆时针粗车圆弧
N70	G01	Z-29.8 F0.2	
N80	X24.4	RND=1	粗车台阶面，倒圆角 R1
N90	Z-46		
N100	X26		
N110	G00	X30Z2	
N120	X0		
N130	M03	S800	
N140	G01	Z0 F0.05	
N150	X20	CHF=2.121	精车端面，倒角
N160	Z-5		
N170	G02	X20Z-15 CR=10	顺时针精车圆弧
N180	G03	X20Z-25 CR=10	逆时针精车圆弧
N190	G01	Z-30	
N200	X24	RND=1	精车台阶面，倒圆角 R1
N210	Z-46		
N220	G00	X50Z200	
N230	M06	T02	换 2 号刀
N240	S300	M03	
N250	G00	X25	
N260	Z-44		
N270	G01	X0 F0.05	
N280	G00	X50	

```
N290   Z200
N300   M05
N310   M02
```

6.5　项目训练——数控车床编程与加工

1．项目训练的目的与要求

（1）学会数控车床的程序编制方法。

（2）学会在数控仿真软件上校验程序的方法。

（3）了解在数控车床上加工零件的方法。

2．项目训练的仪器与设备

（1）数控编程仿真软件。

（2）配置 FANUC 数控系统的数控车床、夹具、刀具、工件等相关加工设备。

3．项目训练的内容

（1）编写图 6-40 所示零件的数控车床加工程序。

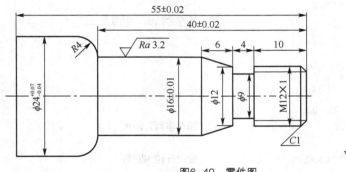

图6-40　零件图

（2）在数控编程仿真软件上校验程序。

（3）观察在数控车床上加工零件的方法和步骤。

4．项目训练的报告

程序模拟仿真成果报告单。

5．项目案例

加工图 6-41 所示的轴类零件，已知毛坯为 ϕ25 mm 的铝棒料，试编写车床加工程序。

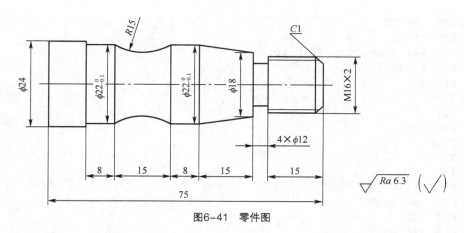

图6-41 零件图

（1）零件图分析

该零件是轴类零件，需要加工的表面有车端面、车外圆、车锥面、车倒角、切槽、车凹圆弧、车螺纹。

（2）工艺处理

① 工件的装夹。

轴类零件在车床上加工，采用三爪卡盘加紧。

② 刀具选择。

根据需要选用3把刀具：

T0101——外圆车刀；

T0202——切槽刀，刃宽4 mm；

T0303——螺纹车刀。

③ 加工工艺方案。

（a）加工工艺过程。

车端面→粗车外圆各表面→精车各表面→粗车凹圆弧→精车凹圆弧→切退刀槽→车螺纹→切断。

（b）确定切削参数。

粗车外圆：$a_p=1$ mm，$S=800$ r/min，$F=0.2$ mm/r。

精车外圆：$a_p=0.1$ mm，$S=1\,000$ r/min，$F=0.1$ mm/r。

切槽、切断：$S=200$ r/min，$F=0.05$ mm/r。

车螺纹：$S=300$ r/min。

（3）数学处理

工件坐标系原点为右端面与中心线的交点位置，坐标计算略。

（4）程序编制

```
O0001
N10    T0101
N20    M03  S800
N30    G00  X28  Z0
N40    G01  X-1  F0.05
```

```
N50    G00   X26  Z2
N60    G71   U1   R1
N70    G71   P80  Q150  U0.2  W0.1  F0.2
N80    G01   X8   F0.1
N90    X16   Z-2
N100   Z-19
N110   X18
N120   X22  Z-34
N130   Z-65
N140   X24
N150   Z-79
N160   M03   S1000
N170   G70   P80  Q150
N180   M03   S800
N190   G00   X26  Z-42
N200   G73   U2   W0   R2
N210   G73   P 220  Q240  U0.2  W0  F0.2
N220   G01   X22  Z-42  F0.1
N230   G02   X22  Z-57  R15
N240    G01  X26  Z-57
N250   M03   S1000
N260   G70   P220  Q240
N270   G00   X50  Z100
N280   T0202
N290   M03   S200
N300   G00   X20  Z-19
N310   G01   X12  F0.05
N320   G04   P2000
N330   G01   X50
N340   G00   Z100
N350   T0303
N360   M03   S300
N370   G00   X16  Z5
N380   G76   P020060  Q100  R0.1
N390   G76   X13.4  Z-17  R0  P1300  Q200  F2
N400   G00   X50
N410   Z200
N420   T0202
N430   M03   S200
N440   G00   X28  Z-79
N450   G01   X0   F0.05
N460   G00   X50
N470   Z200
N480   M05
N490   M02
```

（5）程序仿真校验

主要步骤如下：打开软件→进入数控车床界面→安装刀具→安装夹具→安装工件→对刀→设置刀具参数→把编好的程序输入→循环启动加工。

模拟加工零件如图 6-42 所示。

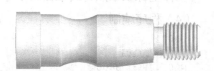

图6-42 模拟加工零件

（6）加工零件

主要步骤如下：开机→机床回参考点→安装刀具→安装夹具→安装工件→对刀→设置刀具参数→把编好的程序输入→循环启动加工。

本章介绍了数控车削编程的基础知识、基本指令的编程方法、单一固定循环指令的编程方法、复合固定循环指令的编程方法以及螺纹指令的编程方法，还详细介绍了数控车床编程与加工训练项目，并给了案例进行指导。要求读者熟练掌握数控车削的编程方法，能够独立完成项目训练。

1. 数控车床有哪些加工特点？

2. 数控车床的坐标轴方向如何确定？其原点一般位于什么位置？

3. 数控车床的参考点位于什么位置？参考点有何用途？

4. 数控车床的工件坐标系如何建立？

5. 什么是半径编程？什么是直径编程？

6. 车削螺纹时为什么要有引入段和引出段？

7. 在车床上加工图 6-43 所示的轴类零件，毛坯为 $\phi 25$ mm 的铝棒料，编写加工程序。

8. 在车床上加工图 6-44 所示的轴类零件，毛坯为 $\phi 25$ mm 的铝棒料，编写加工程序。

9. 在车床上加工图 6-45 所示的轴类零件，毛坯为 $\phi 25$ mm 的铝棒料，编写加工程序。

10. 在车床上加工图 6-46 所示的轴类零件，毛坯为 $\phi 25$ mm 的铝棒料，编写加工程序。

11. 在车床上加工图 6-47 所示的轴类零件，毛坯为 $\phi 25$ mm 的铝棒料，编写加工程序。

12. 在车床上加工图 6-48 所示的轴类零件，毛坯为 $\phi 25$ mm 的铝棒料，编写加工程序。

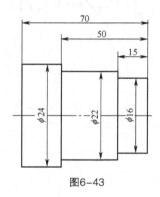

图6-43

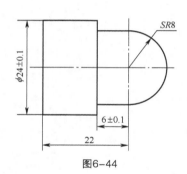

图6-44

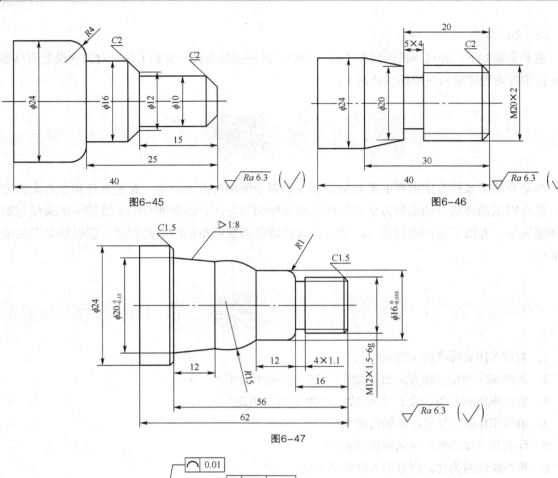

图6-45

图6-46

图6-47

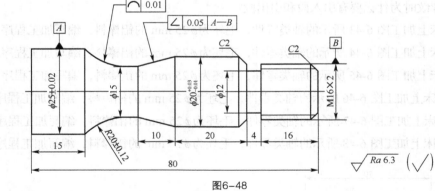

图6-48

Chapter 7

第7章

| 数控铣床及加工中心的编程 |

数控铣削是机械加工中最常用、最主要的数控加工方法之一，数控铣床和加工中心除了能铣削普通铣床所能铣削的各种零件表面外，还能铣削普通铣床不能铣削的、需 2～5 坐标联动的各种平面轮廓和立体轮廓。特别是加工中心，除具有一般数控铣床的工艺特点外，由于工序的集中和自动换刀，减少了工件的装夹、测量和机床调整等时间，使机床的切削时间达到机床开动时间的 80%左右，而普通机床仅达到 15%～20%；同时也减少了工序之间的工件周转、搬运和存放时间，缩短了生产周期，具有明显的经济效果。

本章以 FANUC 0i 系统为例介绍数控铣床和加工中心程序的编制。

 ## 认识数控铣削的编程与加工

1. 学会数控铣削程序的编制方法和步骤

根据图 7-1 所示零件图，编写铣削加工程序，首先要了解数控铣削编程的特点，熟悉数控铣削功能代码的含义及使用方法，然后按照数控铣削编程的方法和步骤编写加工程序。

2. 学会应用数控仿真软件校验加工程序

根据图 7-1 所示零件图，把编写好的加工程序，在数控仿真软件上进行校验，检查程序是否正确。

首先要学会数控仿真软件的使用方法，然后按照模拟加工过程进行模拟加工，检查工件形状是否正确，最后再确定程序的正确性。

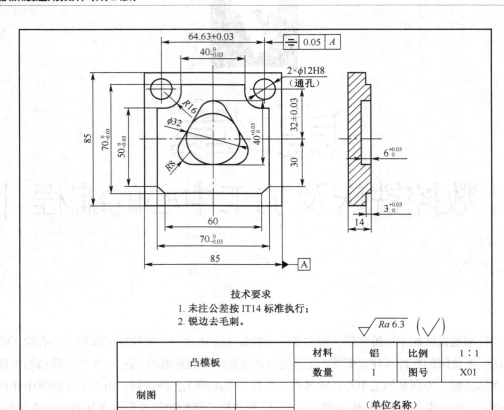

图7-1 零件图

3. 熟悉在数控铣床和加工中心上加工零件的方法和步骤

根据图 7-1 所示零件图，把校验正确的程序输入到数控铣床和加工中心上进行加工。注意观察零件加工的方法和步骤。

数控铣床编程基础

7.2.1 数控铣床的坐标系

1. 数控铣床的机床原点

数控铣床的机床原点，一般设在 X、Y、Z 坐标的正方向极限位置上，如图 7-2 所示。也有个别厂家不一致，设在机床工作台的中心。

2. 数控铣床参考点

通常数控铣床的参考点和机床原点是重合的，如图 7-2 所示。

3. 工件坐标系

工件坐标系采用与机床坐标系一致的坐标方向，坐标系的原点即工件原点。工件原点是任意的，它是由编程人员在编制程序时根据零件选定的。为了编程方便，一般要根据工件形状和标注尺寸的基准，以及最方便计算的原则来选择工件上某一点为编程原点，如图 7-2 所示。

铣削加工的工件坐标系选择时应注意以下几点。

① 编程原点应选在零件图的尺寸基准上，便于坐标值的计算，减少计算错误。

② 编程原点尽量选择在精度较高的表面，以提高被加工零件的加工精度。

③ 对称的零件，编程原点应设在对称中心；不对称的零件，编程原点应设在外轮廓的某一角点上。

④ Z 轴方向的零点，一般设在工件上下表面。

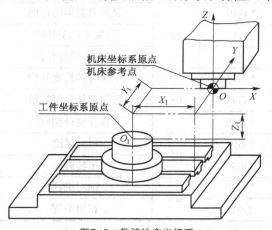

图7-2　数控铣床坐标系

7.2.2　数控铣床的编程指令

1. 准备功能 G

G 指令是用来规定刀具和工件的相对运动轨迹（即插补功能）、机床坐标系、坐标平面、刀具补偿和坐标偏置等多种加工操作的指令。FANUC 0i 系统的铣削编程指令，其准备功能如表 7-1 所示。

表 7-1　　　　　　准备功能代码表

指　令	组	功　能	指　令	组	功　能
* G00	01	定位（快速进给）	* G54	14	选择工件坐标系 1
G01		直线插补（切削进给）	G55		选择工件坐标系 2
G02		圆弧插补（CW，顺时针）	G56		选择工件坐标系 3
G03		圆弧插补（CCW，逆时针）	G57		选择工件坐标系 4
G04	00	暂停	G58		选择工件坐标系 5
* G17	02	平面选择：XY 平面	G59		选择工件坐标系 6
G18		平面选择：XZ 平面	G73	09	高速深孔钻循环
G19		平面选择：YZ 平面	G74		左螺旋切削循环
G20	06	英制输入	G76		精镗孔循环
G21		公制输入	* G80		取消固定循环

续表

指　令	组	功　能	指　令	组	功　能
G27		返回参考点检查	G81		中心钻循环
G28	00	返回参考点	G82		反镗孔循环
G29		从参考点返回	G83		深孔钻循环
* G40		取消刀尖半径补偿	G84		右螺旋切削循环
G41	07	刀尖半径左补偿	G85	09	镗孔循环
G42		刀尖半径右补偿	G86		镗孔循环
* G43		正向刀具长度补偿	G87		反向镗孔循环
* G44	08	负向刀具长度补偿	G88		镗孔循环
* G49		刀具长度补偿取消	G89		镗孔循环
* G94	05	每分进给	G98	10	固定循环返回起始点
G95		每转进给	* G99		返回固定循环 R 点
* G90	03	绝对编程	G65	00	宏指令简单调用
G91		相对编程	G92	00	设置工件坐标系

注：带 * 者表示是开机时会初始化的代码。

2. 辅助功能（M 功能）

辅助功能字的地址符是 M，后续数字一般为 1～3 位正整数，又称为 M 功能或 M 指令，用于指定数控机床辅助装置的开关动作，JB/T 3028—1999 标准中规定如表 7-2 所示。

表 7-2　　　　　　　　辅助功能代码表

代　码	功　能	代　码	功　能
M00	程序停止	M05	主轴停
M01	选择性程序停止	M06	换刀
M02	程序结束	M08	切削液启动
M30	程序结束复位	M09	切削液停
M03	主轴正转	M98	子程序调用
M04	主轴反转	M99	子程序结束

M 代码的功能第 6 章已经介绍，这里主要介绍换刀指令 M06。

M06 常用于加工中心换刀，主轴刀具与刀库上位于换刀位置的刀具交换，执行时先完成主轴准停的动作，然后才执行换刀动作。

3. 进给功能（F 功能）

F 功能表示刀具的进给速度，它由地址符 F 及其后面的数字组成。

F 代码用 G94 和 G95 两个 G 指令来设定进给速度的单位。用 G94 来指令刀具每分钟移动的距离，用 G95 来指令主轴每转一转刀具移动的距离。

例如，G94　G01　X___　Z___　F120；表示刀具一分钟移动了 120 mm，即进给速度 $F = 120$ mm/min。

G95 G01　X__　Z__　F1.23；表示主轴转一圈，刀具移动了 1.23 mm，即进给速度 $F = 1.23$ mm/r。

4．主轴功能（S 功能）

主轴功能主要用来指令主轴的转速或速度。它由地址符 S 及其后面的数字组成。

主轴转速的计量单位为 r/min。

编程时还要用 M 代码指定主轴是沿顺时针方向旋转还是沿逆时针方向旋转。

5．刀具功能（T 功能）

由地址符 T 及其后面的 2 位数字组成，数字代表刀具的编号，功能主要用来选择刀具。

F、S、T 代码均为模态代码。

7.3　数控铣削编程技术

7.3.1　常用基本指令

1．工件坐标系的设置（又称零点偏置）G54～G59

格式：G54～G59

① 所谓零点偏置，就是在编程过程中进行编程坐标系的平移变换，使编程坐标系的零点偏移到新的位置，如图 7-3 所示。

② 一般可预设 6 个（G54～G59）工件坐标系，这些坐标系的原点在机床坐标系中的值，可用手动数据输入方式输入，存储在机床存储器内，使用时可在程序中指定，如图 7-4 所示。

图7-3　工件坐标系　　　　　图7-4　G54～G59坐标系

③ 一旦指定了 G54～G59 之一，就确定了工件坐标系原点，后续程序段中的工件绝对坐标均为此工件坐标系中的值。

2. 绝对坐标编程指令 G90

格式：G90

该指令表示程序段中的运动坐标数字为绝对坐标值，即从编程原点开始的坐标值。

3. 相对坐标编程指令 G91

格式：G91

该指令表示程序段中的运动坐标数字为相对坐标值，即刀具运动的终点坐标是相对于起点坐标的增量值。

4. 快速点定位指令 G00

格式：G00　X＿　Y＿　Z＿

① 该指令表示刀具以点位控制方式从所在点快速移动到目标点。其中，X、Y、Z 为目标点的坐标。

② 刀具移动速度不用指定，由系统参数确定，可在机床说明书中查到。

5. 直线插补指令 G01

格式：G01＿X＿　Y＿　Z＿　F＿

该指令指定 2 个（或 3 个）坐标以联动的方式，按指定的进给速度 F，插补加工任意的平面（或空间）直线。

例 7-1　已知工件毛坯为 100mm × 50 mm × 20mm，材料为铝板，用 ϕ 6mm 刀具铣出图 7-5 所示 "X、Y、Z" 3 个字母，深度 2 mm。

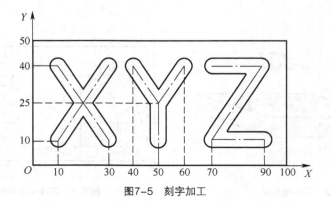

图7-5　刻字加工

解：程序编写如下。

```
O0001
N10   M03   S800
N20   G54   G00   X0  Y0  Z5
N30   X10   Y40
N40   G01   Z-2   F150
N50   X30   Y10
N60   G00   Z5
N70   X10   Y10
N80   G01   Z-2   F150
N90   X30   Y40
N100  G00   Z5
N110  X40   Y40
N120  G01   Z-2   F150
N130  X50   Y25
N140  X50   Y10
N150  G00   Z5
N160  X50   Y25
N170  G01   Z-2   F150
N180  X60   Y40
N190  G00   Z5
N200  X70   Y40
N210  G01   Z-2   F150
N220  X90   Y40
N230  X70   Y10
N240  X90   Y10
N250  G00   Z100
N260  X0    Y0
N270  M05
N280  M30
```

6. 暂停指令 G04

格式：G04   P__

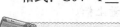
　　① 该指令使程序暂停一段时间，以便进行某些人为的调整，非模态代码，暂停后，继续执行下一个程序段。
　　② P——暂停时间，P 后面用整数表示，单位为 ms。

如 G04   P1000   表示暂停 1 000 ms。

7. 平面选择指令 G17/G18/G19

格式：G17/G18/G19

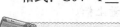
　　① G17 指定刀具在 XOY 平面上运动；G18 指定刀具在 ZOX 平面上运动；G19 指定刀具在 YOZ 平面上运动，如图 7-6 所示。

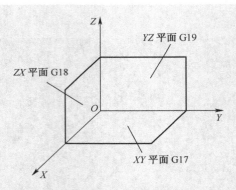

图7-6　平面选择指令

② 由于数控铣床大都在 XY 平面内加工，故 G17 为机床的默认状态，可省略。

8.　圆弧插补指令 G02/G03

格式：

$$G17 \begin{Bmatrix} G02 \\ G03 \end{Bmatrix} X\_\_ \ Y\_\_ \begin{Bmatrix} I\_\_ & J\_\_ \\ R\_\_ \end{Bmatrix} F\_\_$$

$$G18 \begin{Bmatrix} G02 \\ G03 \end{Bmatrix} X\_\_ \ Z\_\_ \begin{Bmatrix} I\_\_ & K\_\_ \\ R\_\_ \end{Bmatrix} F\_\_$$

$$G19 \begin{Bmatrix} G02 \\ G03 \end{Bmatrix} Y\_\_ \ Z\_\_ \begin{Bmatrix} J\_\_ & K\_\_ \\ R\_\_ \end{Bmatrix} F\_\_$$

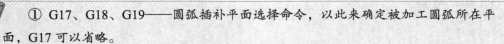

① G17、G18、G19——圆弧插补平面选择命令，以此来确定被加工圆弧所在平面，G17 可以省略。

② G02——顺时针圆弧插补；G03——逆时针圆弧插补。判断方向如图 7-7 所示，沿圆弧所在平面的另一个坐标的负方向观察，顺时针圆弧用 G02，逆时针圆弧用 G03。

③ X、Y、Z——圆弧终点坐标值，可以用绝对坐标，也可以用增量坐标。

④ I、J、K——分别与 X、Y、Z 相对应，不论是 G90 还是 G91 状态，为圆心相对于圆弧起点的增量坐标，也可理解成圆弧起点到圆心的矢量（即等于圆心的坐标减去圆弧起点的坐标），根据矢量在 X、Y、Z 轴上的投影决定其数值及符号。

⑤ R——圆弧半径，由于在同一半径 R 的情况下，从圆弧的起点 A 到终点 B 的圆弧可能有 2 个。为区别两者，规定圆弧所对圆心小于等于 180° 时，用"R+"表示，正号可以省略；而当圆心角大于 180° 时，则用"R-"表示。

如图 7-8 所示，圆弧从 A→B 编程如下：

a 圆弧：G02　X0　Y50　R50　F100
b 圆弧：G02　X0　Y50　R-50　F100

⑥ 当圆弧是一个封闭的整圆时，只可用分矢量编程法，用半径 R 编程时，机床不动作。如图 7-9 所示，整圆程序如下：

绝对坐标编程：G90 G03 X40 Y0 I−40 J0 F150

相对坐标编程：G91 G03 X0 Y0 I−40 J0 F150

⑦ F——进给速度。

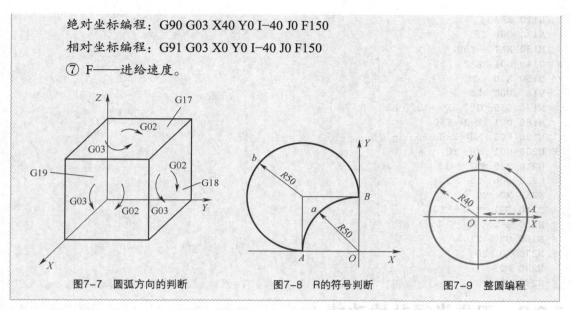

图7-7 圆弧方向的判断　　图7-8 R的符号判断　　图7-9 整圆编程

例 7-2　如图 7-10 所示，在数控铣床上加工宽 10 mm、深 2 mm 的槽，编写加工程序。（O_1 点为 G 54 坐标原点，O_2 点为 G 55 坐标原点，刀具为 ϕ 10 mm 立铣刀。）

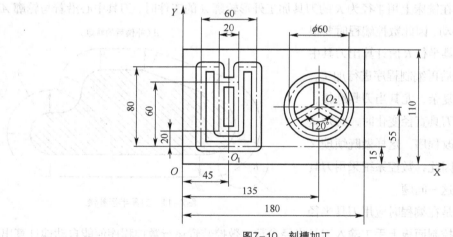

图7-10 刻槽加工

解： 程序编写如下。

```
O0002
N10  M03  S800
N20  G54  G00  X-30  Y0  Z5
N30  G01  Z-2  F80
N40  Y80
N50  X-10
N60  Y20
N70  X10
N80  Y80
N90  X30
N100 Y0
```

```
N110 X-30
N120 G00 Z5
N130 X-10 Y60
N140 G01 Z-2 F80
N150 X10
N160 G00 Z5
N170 G55 G00 X0 Y30 Z5
N180 G01 Z-2 F80
N190 G03 X0 Y30 I0 J-30
N200 G01 X0 Y0
N210 X25.98 Y-15
N220 G00 Z5
N230 X0 Y0
N240 G01 Z-2 F80
N250 X-25.98 Y-15
N260 G00 Z100
N270 X0 Y0
N280 M05
N290 M02
```

7.3.2 刀具半径补偿功能

1. 刀具半径补偿的作用

如图 7-11 所示，在铣床上用半径为 R 的刀具加工外形轮廓 A 的工件时，刀具中心沿着与轮廓 A 距离为 R 的轨迹 B 移动，因此数控编程时要根据轮廓 A 的坐标和刀具半径 R 值计算出刀具中心轨迹 B 的坐标，然后再编制程序进行加工，其数据计算有时相当复杂，尤其当刀具磨损、重磨、换新刀等导致刀具直径变化时，必须重新计算刀心轨迹，修改程序，这样做既烦琐又不易保证加工精度。因此，数控系统采用刀具半径补偿功能来解决这一问题。

刀具半径补偿就是在编程时应用刀具半径

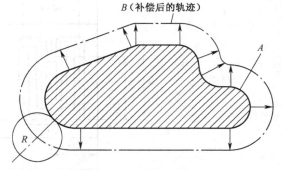

图7-11　刀具半径补偿

补偿指令，加工前在控制面板上手工输入刀具半径参数，数控装置运行数控程序便能自动地计算出刀具中心轨迹，并按刀具中心轨迹运动。即执行刀具半径补偿后，刀具自动偏离工件轮廓一个刀具半径值，从而加工出要求的工件轮廓。

2. 刀具半径补偿的方法

刀具半径补偿功能由 G40、G41、G42 实现。

格式：

$$
\begin{Bmatrix} G17 \\ G18 \\ G19 \end{Bmatrix} \begin{Bmatrix} G41 \\ G42 \end{Bmatrix} \begin{Bmatrix} G01 \\ G00 \end{Bmatrix} \begin{matrix} X\_\_\ Y\_\_\ D\_\_\ F\_\_ \\ X\_\_\ Z\_\_\ D\_\_\ F\_\_ \\ Y\_\_\ Z\_\_\ D\_\_\ F\_\_ \end{matrix}
$$

G40

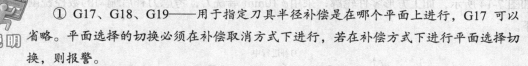

说明

① G17、G18、G19——用于指定刀具半径补偿是在哪个平面上进行，G17 可以省略。平面选择的切换必须在补偿取消方式下进行，若在补偿方式下进行平面选择切换，则报警。

② G41、G42——刀具补偿指令，G41 左刀补，G42 右刀补。

G41、G42 的方向判断方法：假定工件不动，沿着刀具进给方向观察，当刀具中心在工件轮廓左侧时，用左补偿指令 G41，如图 7-12 所示；假定工件不动，沿着刀具进给方向观察，当刀具中心在工件轮廓右侧时，用右补偿指令 G42，如图 7-13 所示。

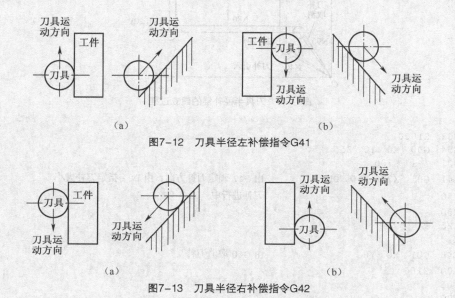

图7-12 刀具半径左补偿指令G41

图7-13 刀具半径右补偿指令G42

③ X、Y——建立刀补直线段的终点坐标值。

④ D——后加数值是刀补号码，它代表了内存中刀补的数值，刀补号地址数设有 100 个，即 D00～D99。如 D01 就代表了在刀补内存表中第 1 号刀具的半径值，这一半径值是预先输入在内存刀补表中的 01 号位置上的。

⑤ G40——取消刀具半径补偿功能。机床通电后，为取消半径补偿状态。

⑥ G41、G42、G40 只能与 G00 或 G01 指令一起使用，不能和 G02、G03 一起使用，且只有在刀具运动的过程中才能建立与取消刀具半径补偿。

⑦ 在程序中用 G42 指令建立右刀补，铣削时对于工件将产生逆铣效果，故常用于粗铣；用 G41 指令建立左刀补，铣削时对于工件将产生顺铣效果，故常用于精铣。

⑧ G40 必须与 G41 或 G42 成对使用，其间不得出现任何转移加工，如镜像、子程序等；在一般情况下，刀具半径补偿量为正值，如果补偿量为负值，则 G41 和 G42 正好相互替换。半径补偿指令为续效指令，直到 G40 的出现才无效。

3. 刀具半径补偿的过程

刀具半径补偿的过程有 3 步：刀具半径补偿的建立，刀具半径补偿的进行，刀具半径补偿的取消。

如图 7-14 所示，加工方形零件轮廓，采用 ϕ10mm 端铣刀，考虑刀补后编写的数控铣削加工程序如下。

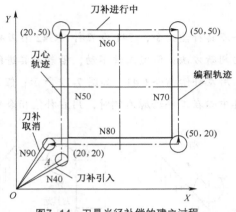

图7-14　刀具半径补偿的建立过程

```
O0003
N10  M03  S1000
N20  G54  G00  X0  Y0  Z5
N30  G01  Z-1  F100
N40  G41  G01  X20  Y10  D01    由 G41 确定刀补方向，由 D01 指定刀补大小
N50  Y50                        刀补进行中
N60  X50
N70  Y20
N80  X10
N90  G40  G01  X0  Y0           由 G40 取消刀补
N100 G00  Z100
N110 M05
N120 M02
```

从上例可见，刀具半径补偿的过程如下。

① 刀具半径补偿的建立。刀具中心从与编程轨迹重合过渡到与编程轨迹偏离一个刀具半径。即从 O 到 A，当进入刀补引入的程序段 N40 后，通常要往下预读 2 个程序段，即 N50、N60 两段，以便确定偏置量及偏置矢量，在 N40 的终点（N50 的起点）处作一矢量，该矢量的方向是与下一段 N50 的前进方向垂直向左（G41），大小等于刀补 D01 的值。刀具中心在执行这一段（N40）时，就移向该矢量的终点。

② 刀具半径补偿的进行。从 N50 程序段开始转入刀补方式进行状态，通过 N50、N60、N70、N80 程序段确定刀具偏移路径和刀具的进给方向。

③ 刀具半径补偿的取消。刀具中心轨迹从与编程轨迹相距一个刀具半径值过渡到与编程轨迹重合，是一个从有到无的渐变过程，从上一个具有正常偏移轨迹线段的终点（N80 段）的法向矢量处开始，刀具中心渐渐往线性轨迹段的终点方向移动，到达该轨迹段的终点（N90 段）处时，刀具中心相对于终点的偏移矢量大小为零，即刀具中心就正好落在终点上。

4. 刀具半径补偿的应用

① 直接用零件轮廓尺寸编程，避免计算刀心轨迹，简化了编程的过程。

② 刀具因磨损、重磨、换刀而引起直径改变后，不必修该程序，只需在刀具参数设置中修改刀具半径变化后的数值即可。

③ 可用同一程序、同一尺寸的刀具，利用刀具半径补偿功能，对工件进行粗、精加工。如图 7-15 所示，刀具半径为 r，精加工余量为 Δ。粗加工时，输入刀具半径 $R = r + \Delta$，则加工出双点画线轮廓。精加工时，同一程序、同一刀具，但输入刀具半径为 $R = r$，则加工出实线轮廓。

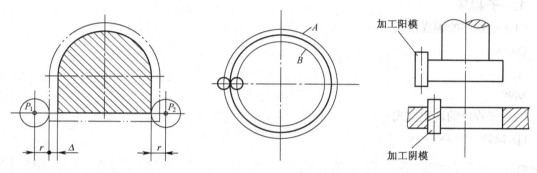

图7-15　进行粗、精加工　　　　　　　　图7-16　加工同尺寸的内、外两型面

④ 可以利用同一程序，加工两个工件具有相同公称尺寸的内、外两型面，如图 7-16 所示。

例 7-3　使用直径为 ϕ 10 mm 的刀具加工如图 7-17 所示的零件轮廓，刀具号为 T01，加工深度 2 mm，已粗加工过，每边留有 2.5 mm 的余量。试用刀具半径补偿指令编程。

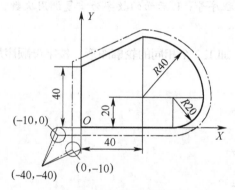

图7-17　刀具补偿功能示例

解：零件程序编写如下。

```
O0003
N10 M03 S1000
N20 G54 G00 X-40 Y-40 Z5
N30 G01 Z-2 F150
N40 G41 G01 X0 Y-10 D01
N50 G01 X0 Y40
N60 X40 Y60
N70 G02 X80 Y20 R40
N80 G02 X60 Y0 R20
N90 G01 X-10 Y0
N100 G40 G01 X-40 Y-40
```

```
N110 G00  Z100
N120 M05
N130 M30
```

7.3.3 简化编程指令

1. 子程序

（1）子程序的编程格式

O××××

…

M99

（2）子程序的调用格式

① M98　P×××××××

P后面的数字，后4位为子程序号，前3位为重复调用次数，省略时为调用1次。

② M98　P××××　L××××

P后面的数字为子程序号；L后面的数字为重复调用次数，省略时为调用1次。

例7-4　如图7-18所示，加工2个相同的轮廓图形，按字母顺序加工，切削深2 mm。

解：主程序如下。

```
O0004
N10 G54  G00  X0  Y0  Z5
N20 M03  S1000
N30 M98  P4001
N40 G90  G00  X80  Y0  Z5
N50 M98  P4001
N60 G90  G00  X0  Y0  Z100
N70 M05
N80 M30
```

子程序如下。

```
O4001
N10 G91  G01  Z-7  F150
N20 G41  G01  X40  Y20  D01
N30 Y30
N40 X-10
N50 X10  Y30
N60 X40
N70 X10  Y-30
N80 X-10
N90 Y-20
N100 X-50
```

```
N110G40  G01  X-30  Y-30
N120G00  Z7
N130M99
```

2. 镜像加工功能 G51.1/G50.1

当工件相对于某一轴具有对称形状时,可以利用镜像功能,只对工件的一部分进行编程,而能加工出工件的对称部分,这就是镜像功能。当某一轴的镜像有效时,该轴执行与编程方向相反的运动。

格式:G51.1 X__Y__

…

G50.1

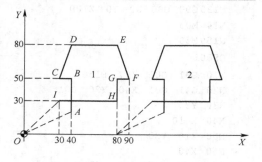

图7-18 子程序编程示例

说明

① G51.1——建立镜像,由指令坐标轴后的坐标值指定镜像位置。

② G50.1——取消镜像。

③ X、Y——镜像轴。

例 7-5 编写加工图 7-19 所示零件的镜像功能程序。设加工开始时,切削深度为 2 mm,刀具直径为 ϕ10 mm。

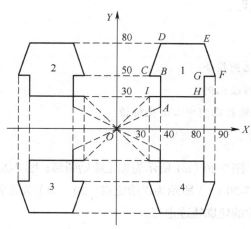

图7-19 镜像功能

解: 程序编写如下。

```
O0005                          主程序
N10 G54 G00 X0 Y0 Z5
N20 M03 S1000
N30 M98 P5001
N40 G51.1    X0
N50 M98 P5001
N60 G50.1
N70 G51.1    X0  Y0
N80 M98 P5001
N90 G50.1
```

```
N100 G51.1    Y0
N110 M98  P5001
N120 G50.1
N130 G90  G00  X0  Y0  Z100
N140 M05
N150 M30
O5001                              子程序
N10  G91  G01  Z-7  F150
N20  G41  G01  X40  Y20  D01
N30  Y30
N40  X-10
N50  X10  Y30
N60  X40
N70  X10  Y-30
N80  X-10
N90  Y-20
N100 X-50
N110 G40  G01  X-30  Y-30
N120 G00  Z7
N130 M99
```

3. 比例缩放编程功能 G50/G51

使用 G50、G51 指令，可以使原编程尺寸按指定比例缩小或放大。

格式：G51 X__Y__Z__P__

…

G50

① G51——缩放比例指令。

② G50——取消缩放比例。

③ X、Y、Z——缩放比例中心的坐标值。

④ P——缩放倍率。

例 7-6　如图 7-20 所示，图 7-20（a）所示为加工原始图形；图 7-20（b）所示为以原点为缩放中心，将图形放大 2 倍；图 7-20（c）所示为以给定点（20，20）为缩放中心，将图形放大 2 倍。编写加工程序，要求按窗口中的轮廓轨迹走刀。

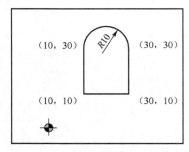

（a）加工原始图形

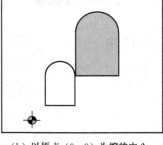

（b）以原点（0，0）为缩放中心，
将图形放大 2 倍

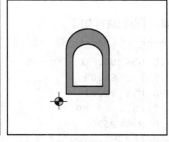

（c）以给定点（20，20）为缩放中心，
将图形放大 2 倍

图7-20　图形缩放编程示例

解：程序编写如下。

```
O6001                           子程序
N10  S1000  M03
N20  G00  X10  Y10  Z5
N30  G01  Z-2  F100
N40  X30
N50  Y30
N60  G03  X10  Y30  R10
N70  G01  X10  Y10
N80  G00  Z5
N90  X0   Y0
N100 M99
O0006                           [图7-20（b）主程序]
N10  S800  M03
N20  G54  G00  G90  X0  Y0  Z5
N30  M98  P6001
N40  G51  X0  Y0  P2            以原点（0，0）为缩放中心，将图形放大2倍
N50  M98  P6001
N60  G50
N70  M05
N80  M30
O0007                           [图7-20（c）主程序]
N10  S800  M03
N20  G54  G00  G90  X0  Y0  Z5
N30  M98  P6001
N40  G51  X20  Y20  P2          以给定点（20，20）为缩放中心，将图形放大2倍
N50  M98  P6001
N60  G50
N70  M05
N80  M30
```

4. 坐标系旋转指令

该指令可使图形按指定旋转中心及旋转方向旋转一定的角度。

格式：G68　X__Y__Z__R__

……

　　　G69

①　G68——建立旋转功能。

②　G69——取消旋转功能。

③　X、Y、Z——旋转中心的坐标值，可以是X、Y、Z中的任意2个，由平面选择指令确定。当X、Y省略时，G68指令以当前位置为旋转中心。

④　R——旋转角度，一般为绝对值编程，逆时针旋转为正，顺时针旋转为负。旋转角度范围-360°～360°，最小角度单位为0.001°。当R省略时，按系统参数确定旋转角度。

在有刀具补偿的情况下，先进行坐标旋转，然后才进行刀具半径补偿、刀具长度补偿。在有缩放功能的情况下，先缩放后旋转。

例 7-7　如图 7-21 所示，用旋转变换功能，编写加工程序。

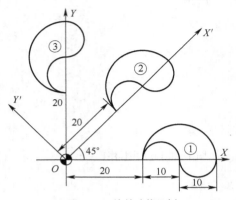

图7-21　旋转功能示例

解：程序编写如下。

```
O0008                   主程序
N10  S800  M03
N20  G54  G00  G90  X0  Y0  Z5
N30  M98  P8001         加工①
N40  G68  X0  Y0  R45
N50  M98  P8001         加工②
N60  G69
N70  G68  X0  Y0  R90
N80  M98  P8001         加工③
N90  G69
N100 M05                马程序
N110 M30
O8001
N10  G00  X20  Y0  Z5
N20  G01  Z-2  F150
N30  G02  X30  Y0  R5
N40  G03  X40  Y0  R5
N50  G03  X20  Y0  R10
N60  G01  Z5
N70  G00  X0   Y0
N80  M99
```

7.3.4　孔加工固定循环功能

数控铣床上有许多固定循环指令，只用一个指令一个程序段，即可完成某特定表面的加工。孔加工（包括钻孔、镗孔、攻丝或螺旋槽等）是铣床上常见的加工任务。

1. 孔加工循环的基本动作

如图 7-22 所示，孔加工循环的基本动作如下。

① $A \rightarrow B$：刀具的刀位点从当前点 A 出发，在 XY 平面内快进至孔位坐标（X，Y），即循环起始点 B。

② $B \rightarrow R$：刀具沿 Z 轴方向快进至加工表面附近的安全平面（即 R 点平面）。

③ $R \rightarrow E$：孔加工过程（如钻孔、镗孔、攻丝等），此时进给为工作进给速度。

④ 点 E：孔底动作（如进给暂停、刀具偏移、主轴准停、主轴反转等）。

⑤ $E \rightarrow R$：刀具快速返回到点 R 平面。

⑥ $R \rightarrow B$：刀具快速返回到起始点 B。

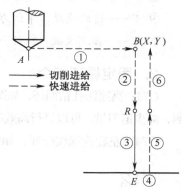

图7-22 固定循环的组成

2. 固定循环指令格式

$$\begin{Bmatrix} G90 \\ G91 \end{Bmatrix} \begin{Bmatrix} G98 \\ G99 \end{Bmatrix} G \times \times X\_ \ Y\_ \ Z\_ \ R\_ \ Q\_ \ P\_ \ F\_ \ L\_$$

① G90、G91——绝对坐标编程和相对坐标编程。

② G98 和 G99——2 个模态指令控制孔加工循环结束后，刀具返回平面。G98 刀具返回起始平面（B 点平面），为缺省方式；G99 刀具返回安全平面（R 点平面），如图 7-23 所示。

③ G××——孔加工方式，对应于具体的固定循环指令。

④ X、Y——孔的坐标值，刀具以快进的方式到达（X，Y）点。

⑤ Z——孔深，如图 7-23 所示。G90 方式，Z 值为孔底的绝对值；G91 方式，Z 值是 R 点平面到孔底的距离。

⑥ R——用来确定安全平面（点 R 平面），如图 7-24 所示，点 R 平面高于工件表面。G90 方式，R 值为绝对值；G91 方式，R 值为从起始平面（点 B 平面）到点 R 平面的增量。

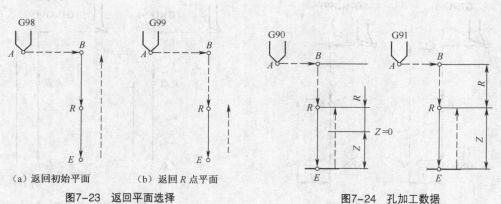

(a) 返回初始平面　　(b) 返回 R 点平面

图7-23 返回平面选择　　　　　图7-24 孔加工数据

⑦ Q——在 G73 或 G63 方式下，规定每步切深；在 G76 或 G87 方式中规定刀具退让值。

⑧ P——规定在孔底的暂停时间，单位为 ms，用整数表示。

⑨ F——进给速度，单位为 mm/min。

⑩ L——循环次数，执行一次可不写。如果是 L0，则按系统存储加工数据执行加工。

3. 固定循环指令

G73：高速深孔钻循环，如图 7-25 所示。该固定循环用于 Z 轴的间歇进给，使深孔加工时容易排屑，减少退刀量，可以进行高效率的加工。Q 值为每次的进给深度，退刀距离为 d，由系统参数设定。

G74：左旋攻螺纹循环，如图 7-26 所示。攻螺纹时主轴反转，到孔底后主轴正转，然后退回。

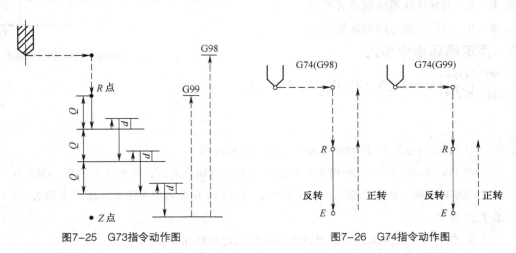

图7-25　G73指令动作图　　　　　　图7-26　G74指令动作图

G76：精镗循环，如图 7-27 所示。执行 G76 指令精镗至孔底后，有 3 个孔底动作——进给暂停（P）、主轴准停即定向停止（OSS）、刀具偏移 q 距离，然后快速退刀，退刀位置由 G98 或 G99 决定。这种带有让刀的退刀不会划伤已加工平面，保证了镗孔精度。

G81：钻孔循环（中心钻），如图 7-28 所示。G81 指令的动作循环，包括 X、Y 坐标定位、快进、工进和快速返回等动作。

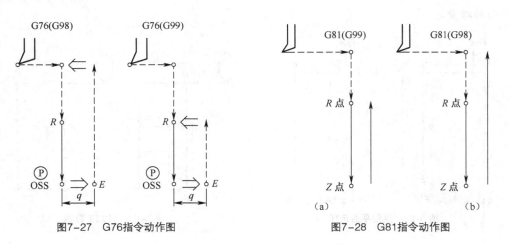

图7-27　G76指令动作图　　　　　　图7-28　G81指令动作图

G82：钻孔、镗孔循环，如图 7-29 所示。该指令除了要在孔底暂停外，其他动作与 G81 相同。暂停时间由地址 P 给出，此指令主要用于加工盲孔，以提高孔底精度。

G83：深孔加工循环，如图 7-30 所示。其中 Q、d 与 G73 相同，G83 与 G73 的区别在于，G83 指令在每次进刀 Q 距离后返回点 R，这样对深孔钻削时排屑有利。

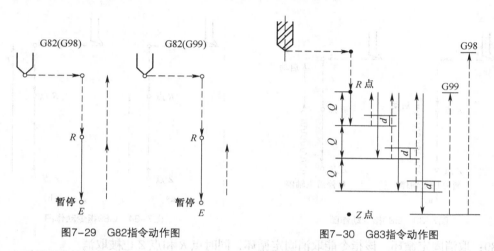

图7-29　G82指令动作图　　　　图7-30　G83指令动作图

G84：右旋攻螺纹循环。G84 指令与 G74 指令中的主轴旋向相反，其他与 G74 指令相同。

G85：镗孔循环，如图 7-31 所示。主轴正转，刀具以进给速度镗孔至孔底后以进给速度退出（无孔底动作）。

G86：镗孔循环。G86 指令与 G85 的区别是，执行 G86 指令刀具到达孔底位置后，主轴停止，并快速退回。

G87：背镗孔循环，如图 7-32 所示。刀具运动到起始点 B（X，Y）后，主轴准停，刀具沿刀尖的反方向偏移 q 值，然后快速运动到孔底位置，主轴正转，刀具沿偏移值 q 正向返回，刀具向上进给运动至点 R，再主轴准停，刀具沿刀尖的反方向偏移 q 值，快退，接着沿刀尖正方向偏移到点 B，主轴正转，本加工循环结束，继续执行下一段程序。

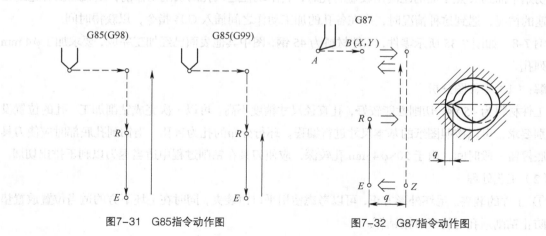

图7-31　G85指令动作图　　　　图7-32　G87指令动作图

G88：镗孔循环，如图 7-33 所示。刀具在孔底暂停，主轴停止后，转换为手动状态，可用手动将刀具从孔中退出。到返回点平面后，主轴正转，再转入下一个程序段进行自动加工。

G89：镗孔循环，如图 7-34 所示。此指令与 G85 指令相同，但在孔底有暂停动作，适用于精镗孔。

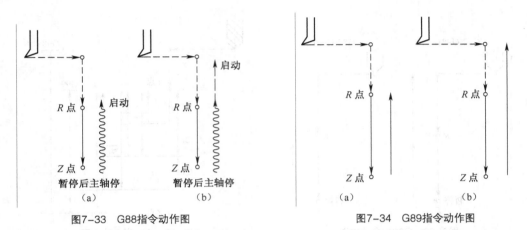

图7-33　G88指令动作图　　　　　　　　图7-34　G89指令动作图

G80：取消固定循环。该指令能取消固定循环，同时点 R 和点 Z 也被取消。

4. 使用固定循环时的注意事项

① 孔加工循环 G 指令是模态指令，一旦建立，一直有效，直到被新的孔加工循环方式代替或被撤销，孔的加工数据也是模态值。

② 若在程序中出现指令 G00、G01、G02、G03 时，其效果等同于 G80，循环方式和加工数据也被全部取消。

③ 在固定循环指令之前必须先使用 M03 或 M04 指令使主轴回转。

④ 在固定循环程序段中，X、Y、Z、R 数据应至少指令一个才能进行孔加工。

⑤ 在使用控制主轴回转的固定循环（G74、G84、G86）中，如果连续加工一些孔间距比较小，或者初始平面到 R 点平面的距离比较短的孔时，会出现在进入孔的切削动作前，主轴还没有达到正常转速的情况，遇到这种情况时，应在各孔的加工动作之间插入 G04 指令，以获得时间。

例 7-8　如图 7-35 所示零件，工件材料为 45 钢，图中其他表面已经加工完成，要求加工 ϕ 4 mm 的系列孔。

解：（1）零件图分析

工件材料为 45 钢，切削性能较好，孔直径尺寸精度不高，可以一次完成钻削加工。孔的位置没有特别要求，可以按照图纸的基本尺寸进行编程。环行分布的孔为盲孔，当钻到孔底部时应使刀具在孔底停留一段时间，由于 20×ϕ 4 mm 孔较深，应使刀具在钻削过程中适当退刀以利于排出切屑。

（2）工艺处理

① 工件的装夹。毛坯外形方正，可以考虑使用平口钳装夹，同时在毛坯下方的适当位置放置垫块，防止钻削通孔时将平口钳钻坏。

② 刀具的选择。钻削用的刀具选择$\phi 4$ mm 的高速麻花钻，主轴转速 $S=1\,000$ r/min 和进给速度 $F=40$ mm/min。

③ 加工工艺方案。工件上要加工的孔共 28 个，先钻削环行分布的 8 个孔，钻完第 1 个孔后刀具退到孔上方 2 mm 处，再快速定位到第 2 个孔上方，钻削第 2 个孔，直到 8 个孔钻完。然后将刀具快速定位到右上方第 1 个孔的上方，钻完第 1 个孔后刀具退到孔上方 2 mm 处，再快速定位到第 2 个孔上方，钻削第 2 个孔，直到 20 个孔钻完。

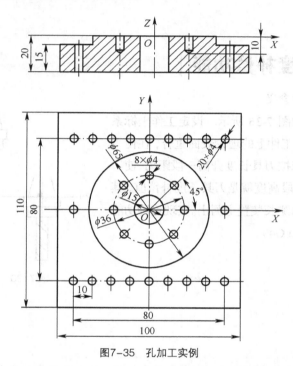

图7-35　孔加工实例

（3）数学处理

该零件的设计基准在工件上表面的中心，根据基准重合原则将工件坐标系建立在工件中心上表面位置。

图形尺寸已知，坐标点计算略。

（4）程序编制

切削液的开、关指令可不编入程序，在切削过程中根据需要用手动的方式打开或关闭切削液。

```
O0009
N10  M03  S1000
N20  G54  G00  X18   Y0   Z10
N30  G99  G82  Z-10  R2   P2000  F40
N40  X12.728   Y12.728
N50  X0 Y18
N60  X-12.728  Y12.728
N70  X-18   Y0
N80  X-12.728  Y-12.728
N90  X0   Y-18
```

```
N100 G98 X12.728 Y-12.728
N110 G80
N120 G99 G73 X40 Y40 Z-24 R-3 Q4 F40
N130 G91 X-10 L8
N140 G90 X-40 Y0
N150 X-40 Y-40
N160 G91 X10 L8
N170 G90 G98 X40 Y0
N180 G80 G00 Z100
N190 X0 Y0
N200 M05
N210 M30
```

7.3.5 刀具长度补偿功能

（1）刀具长度补偿的含义

刀具长度补偿原理如图 7-36 所示。设定工作坐标系时，让主轴锥孔基准面与工件上的理论表面重合，在使用每一把刀具时可以让机床按刀具长度升高一段距离，使刀尖正好在工件表面上，这段高度就是刀具长度补偿值，其值可在刀具预调仪或自动测长装置上测出。实现这种功能的 G 代码是 G43、G44 和 G49。

（2）编程格式

$$\begin{Bmatrix} G43 \\ G44 \end{Bmatrix} \begin{Bmatrix} G00 \\ G01 \end{Bmatrix} Z\_H\_$$

……

$$G49 \begin{Bmatrix} G00 \\ G01 \end{Bmatrix} Z\_$$

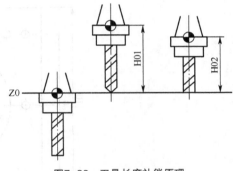

图7-36 刀具长度补偿原理

① G43 为刀具长度正补偿，即实现正向偏移；G44 为刀具长度负补偿，即实现负向偏移。如图 7-36 中所示，钻头用 G43 命令向上正向补偿了 H01 值，铣刀用 G43 命令向上正向补偿了 H02 值；

② Z_为补偿值的终点坐标值；

③ H_为刀具长度补偿寄存器地址；

④ G49 为取消刀具长度补偿；

⑤ G43、G44、G49 为模态代码，可以相互注销。

图 7-37 所示为刀具长度补偿的应用。

7.3.6 加工中心的数控编程

1. 加工中心编程的特点

由于加工中心的加工特点，在编写加工程序时，首先要注意换刀程序的应用。不同的加工中心，其换刀过程是不完全一样的，通常选刀和换刀可分开进行。换刀完毕启动主轴后，方可进行下面程序段的加工内容。选刀动作也可与机床的加工重合起来，即利用切削时间进行选刀。多数加工中心都规定了固定的换刀点位置。各运动部件只有移动到这个位置，才能开始换刀动作。

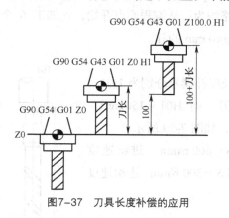

图7-37　刀具长度补偿的应用

2. 刀具交换

刀具交换是指刀库上位于换刀位置的刀具与主轴上的刀具进行自动换刀。这一动作的实现是通过换刀指令 M06 来实现的。

程序格式如下。

M06　T01　　将当前主轴刀具更换为刀库一号位置刀具
……

或者

T01　M06　　将当前主轴刀具更换为刀库一号位置刀具
……

例 7-9　使用刀具补偿功能和固定循环功能加工图 7-38 所示零件上的 12 个孔，本例采用加工中心编程。

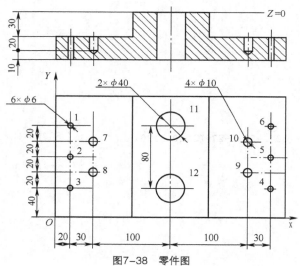

图7-38　零件图

解：（1）分析零件图样，进行工艺处理

该零件孔加工中，有通孔、盲孔，需钻、镗加工，故选择 T01 为 $\phi 6$ mm 钻头、T02 为 $\phi 10$ mm 钻头和 T03 为镗刀，加工坐标系 Z 向原点在零件上表面处。由于有 3 种孔径尺寸的加工，按照先小孔后大孔加工的原则确定加工路线为：从编程原点开始，先加工 6 个 $\phi 6$ mm 的孔，再加工 4 个 $\phi 10$ mm 的孔，最后加工 2 个 $\phi 40$ mm 的孔。

（2）设置参数

T01、T02 和 T03 的刀具长度补偿号分别为 H01、H02 和 H03。以主轴端面对刀，则 H01 = 150 mm，H02 = 140 mm，H03 = 100 mm，如图 7-39 所示。

T01、T02 的主轴转速 $S = 600$ r/min，进给速度 $F = 120$ mm/min；T03 主轴转速 $S = 300$ r/min，进给速度 $F = 50$ mm/min。

（3）数学处理

在多孔加工时，为了简化程序，采用固定循环指令。这时的数学处理主要是按固定循环指令格式的要求，确

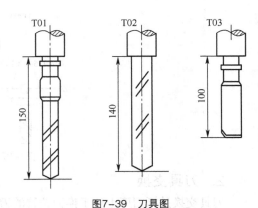

图7-39　刀具图

定孔位坐标、快进尺寸和工作进给尺寸值等。固定循环中的初始平面为 $Z = 20$，点 R 平面分别定为零件上表面 Z 向 3 mm 和 -27 mm 处。

（4）程序编制

```
O0010
N10 M06 T01
N20 G54 G00 X0 Y0 Z200
N30 G43 G00 Z30 H01
N40 S600 M03
N50 G99 G83 X20 Y120 Z-65 R-27 Q3 F120
N60 Y80
N70 G98 Y40
N80 G99 X280
N90 Y80
N100 G98 Y120
N110 G80 G00 Z30
N120 G49 Z200
N130 M05
N140 M06 T02
N150 G43 Z30 H02
N160 S600 M03
N170 G99 G82 X50 Y100 Z-53 R-27 P2000 F120
N180 G98 Y60
N190 G99 X250
N200 G98 Y100
N210 G80 G00 Z30
N220 G49 Z200
N230 M05
N240 M06 T03
N250 G43 Z30 H03
```

```
N260 M03 S300
N270 G99 G76 X150 Y120 Z-65 R3 F50
N280 G98 Y40
N290 G80 G00 Z30
N300 G49 Z200
N310 M05
N320 M02
```

其他数控铣床系统简介

数控铣床种类不同，配置数控系统不同，其编程格式和指令也不尽相同，具体编程要详细阅读机床和数控系统的说明书。本节简要介绍 SIMENS 802S/C 系统数控铣床的编程。

SIMENS 802S/C 系统数控编程基础知识已经在本书 6.4 节数控车床部分讲过，这里将举例说明数控铣床的编程方法。

已知零件图如图 7-40 所示，毛坯尺寸为 85 mm × 85 mm × 14 mm 的方形坯料，材料为硬铝，且底面和四周轮廓均已加工好，要求粗加工外轮廓和内槽，试编写 SIMENS 802S/C 系统的数控铣床上的加工程序。（刀具为 ϕ 10 mm 立铣刀）

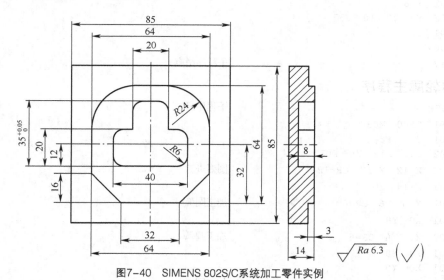

图7-40 SIMENS 802S/C系统加工零件实例

1. 主程序

XSY04.MPF	程序名

```
N10 M03 S500 T01
N20 G54 G00 X0 Y0 Z5
```

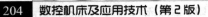

```
N30 G00 X0 Y-45
N40 L141 P3                          调用子程序3次
N50 G90 G00 Z5
N60 G00 X0 Y0
N70 L142 P8                          调用子程序3次
N80 G90 G00 Z100
N90 M05
N100 M02
```

2. 外轮廓主程序

```
L141.SPF                             子程序名
N10 G91 S500 M03
N20 G01 Z-6 F80
N30 G41 G01 X13 Y0 D01
N40 G03 X-13 Y13 CR=13               圆弧进刀
N50 G01 X-16 Y0
N60 X-16 Y16
N70 Y24
N80 G02 X24 Y24 CR=24                加工圆弧
N90 G01 X16
N100 G02 X24 Y-24 CR=24              加工圆弧
N110 G01 Y-24
N120 X-16 Y-16
N130 X-16 Y0
N140 G03 X-13 Y-13 CR=13             圆弧进刀
N150 G40 G01 X13 Y0
N160 G02 X0 Y0 I0 J45
N170 G01 Y-8
N180 G02 X0 Y0 I0 J53
N190 G01 Y8
N200 G00 Z5
N210 M17                             子程序结束
```

3. 内轮廓主程序

```
L142.SPF                             子程序名
N10 G91 S500 M03
N20 G01 Z-6 F80
N30 G42 G01 X12 Y0 D01
N40 G02 X-12 Y-12 CR=12              圆弧进刀
N50 G01 X-14 Y0
N60 G02 X-6 Y6 CR=6                  加工圆弧
N70 G01 X0 Y8
N80 G02 X6 Y6 CR=6                   加工圆弧
N90 G01 X4 Y0
N100 G01 X0 Y9
N110 G02 X6 Y6 CR=6                  加工圆弧
N120 G01 X8 Y0
N130 G02 X6 Y-6 CR=6                 加工圆弧
N140 G01 X0 Y-9
N150 G01 X4 Y0
```

```
N160 G02  X6   Y-6   CR=6              加工圆弧
N170 G01  X0   Y-8
N180 G02  X-6  Y-6   CR=6              加工圆弧
N190 G01  X-14 Y0
N200 G02  X-12 Y12   CR=12             加工圆弧
N210 G40  G01  X12  Y0
N220 G00  Z5
N230 M17                              子程序结束
```

7.5 项目训练——数控铣床编程与加工

1. 项目训练的目的与要求

（1）学会数控铣床程序编制的方法。

（2）学会在数控仿真软件上校验程序的方法。

（3）了解在数控铣床上加工零件的方法与步骤。

2. 项目训练的仪器与设备

（1）数控编程仿真软件。

（2）配置 FANUC 数控系统的数控铣床以及夹具、刀具、工件等相关加工设备。

3. 项目训练的内容

（1）编写图 7-41 所示零件的数控铣床加工程序。

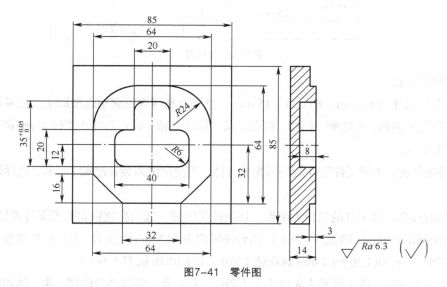

图7-41 零件图

（2）在数控编程仿真软件上校验程序。

（3）观察在数控铣床上加工零件的方法和步骤。

4. 项目训练的报告

程序模拟仿真成果报告单。

5. 项目案例

已知零件图如图 7-42 所示，毛坯尺寸为 85 mm × 85 mm × 15 mm 的方形坯料，材料为硬铝，且底面和四周轮廓均已加工好，要求在数控铣床上完成顶面加工、外轮廓的粗精加工、内槽粗精加工、两孔加工。

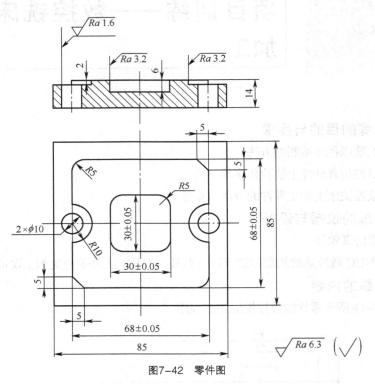

图7-42 零件图

（1）零件图分析

该零件毛坯尺寸为 85 mm × 85 mm × 15 mm，且底面和四周轮廓不需要加工。在零件上有 4 个加工特征，分别是顶面、外轮廓、凹槽、两孔，尺寸标注完整。设计基准在工件上表面的中心位置。

（2）工艺处理

① 工件的装夹。本例工件毛坯的外形为长方体，为使定位和装夹准确、可靠，选择机用虎钳来进行装夹。

② 刀具的选择。该工件的材料为硬铝，切削性能较好，选用高速钢立铣刀即可满足工艺要求。工件上表面铣削用 $\phi60$ mm 端铣刀（T01），凸台轮廓选用 $\phi12$ mm 立铣刀（T02），凹槽加工用 $\phi8$ mm 键槽铣刀（T03），孔加工用 $\phi9.7$ mm 麻花钻（T04）和 $\phi10H8$ 铰刀（T05）。

③ 加工工艺方案。该工件首先应铣毛坯上表面；然后粗、精铣凸台轮廓；粗、精铣凹槽；最后

钻、铰两孔。其具体工艺方案安排如下。

铣毛坯上表面：用 ϕ 60 mm 端铣刀，主轴转速为 600 r/mim，进给速度为 100 mm/min。

粗铣凸台轮廓：用 ϕ 12 mm 立铣刀，留精铣余量 3.5 mm，主轴转速为 800 r/mim，进给速度为 120 mm/min。

精铣凸台轮廓：用 ϕ 12mm 立铣刀，主轴转速为 1 000 r/mim，进给速度为 100 mm/min。

粗铣凹槽：用 ϕ 8 mm 键槽铣刀，主轴转速为 800 r/mim，进给速度为 100 mm/min。

精铣凹槽：用 ϕ 8 mm 键槽铣刀，主轴转速为 1 000 r/mim，进给速度为 80 mm/min。

钻两孔：用 ϕ 9.7 mm 麻花钻，主轴转速为 1 000 r/mim，进给速度为 100 mm/min。

铰两孔：用 ϕ 10H8 铰刀，主轴转速为 1 200 r/mim，进给速度为 80 mm/min。

（3）数学处理

该零件的设计基准在工件上表面的中心，根据基准重合原则将工件坐标系建立在工件中心上表面位置。图形尺寸已知，坐标点计算略。

（4）程序编制

切削液的开、关指令可不编入程序，在切削过程中根据需要用手动的方式打开或关闭切削液。

```
O00001                              用ϕ60 mm 端铣刀铣工件顶面
N10  M03  S600
N20  G54  G00  X-80  Y-20  Z10
N30  Z0.2
N40  G01  X80  F120
N50  G00  Y20
N60  G01  X-80  F120
N70  G00  Z5
N80  X-80  Y-20
N90  Z0
N100 M03  S800
N110 G01  X80  F80
N120 G00  Y20
N130 G01  X-80  F80
N140 G00  Z100
N150 X0   Y0
N160 M05
N170 M30
O00002                              用ϕ12 mm 立铣刀铣凸台轮廓
N10  M03  S800                      粗铣凸台轮廓
N20  G54  G00  X0  Y-50  Z10
N30  G01  Z-2  F80
N40  G41  G01  X16  Y-50  D01  F120    D01=10 mm
N50  M98  P2000
N60  G01  Z5
N70  M03  S1000                     粗铣凸台轮廓
N80  G01  Z-2  F80
N90  G41  G01  X16  Y-50  D02  F100    D02 = 6 mm
N100 M98  P2000
N110 G00  Z100
N120 X0   Y0
```

```
N130 M05
N140 M30
O2000                                    凸台轮廓子程序
N10  G03  X0   Y-34  R16
N30  G01X-29
N40  X-34  Y-29
N50  Y-10
N60  G03  X-34  Y10  R10
N70  G01  X-34  Y29
N80  G02  X-29  Y34  R5
N90  G01  X29  Y34
N100 X34  Y29
N110 Y10
N120 G03  X34  Y-10  R10
N130 G01  X34  Y-29
N140 G02  X29  Y-34  R5
N150 G01  X0  Y-34
N160 G03  X-16  Y-50  R16
N170 G40  G01  X0  Y-50
N180 M99
O0003                              用φ8mm 键槽铣刀铣凹槽
N10  M03  S800                           粗铣凹槽
N20  G54  G00  X-9  Y-9  Z10
N30  G01  Z-5  F80
N40  M98  P3000
N50  G01  Z-6  F80
N60  M98  P3000
N70  M03  S1000                          精铣凹槽
N80  G00  X0  Y0
N90  G01  Z-6  F80
N100 G41  G01  X-10  Y-5  D03  F100   D03 = 4 mm
N110 G03  X0  Y-15  R10
N120 G01  X10
N130 G03  X15  Y-10  R5
N140 G01  Y10
N150 G03  X10  Y15  R5
N160 G01  X-10  Y15
N170 G03  X-15  Y10  R5
N180 G01  X-15  Y-10
N190 G03  X-10  Y-15  R5
N200 G01  X0  Y-15
N210 G03  X10  Y-5  R10
N220 G40  G01  X0  Y0
N230 G00  Z100
N240 M05
N250 M30
O3000                                加工凹槽子程序
N10  G01  X9  F100
N20  Y-3
N30  X-9
N40  Y3
N50  X9
N60  Y9
N70  X-9
N80  G00  Z5
```

```
    N90  M99
    O0004                          用 φ 9.7 mm 麻花钻钻两孔
    N10  M03  S1000
    N20  G54  G00  X-34  Y0  Z10
    N30  G98  G83  Z-20  R5  Q5  F100
    N40  X34  Y0
    N50  G80  G00  Z100
    N60  X0  Y0
    N70  M05
    N80  M30
    O0005                          用 φ 10H8 铰刀铰两孔
    N10  M03  S1200
    N20  G54  G00  X-34  Y0  Z10
    N30  G98  G85  Z-20  R5  F80
    N40  X34  Y0
    N50  G80  G00  Z100
    N60  X0  Y0
    N70  M05
    N80  M30
```

（5）程序仿真校验

主要步骤如下：打开软件→进入数控铣床界面→安装刀具→安
装夹具→安装工件→对刀→设置刀具参数→把编好的程序输入→循
环启动加工。

模拟加工零件如图 7-43 所示。

（6）加工零件

主要步骤如下：开机→机床回参考点→安装刀具→安装夹具→
安装工件→对刀→设置刀具参数→把编好的程序输入→循环启动加工。

图7-43　模拟加工零件

7.6　项目训练——加工中心编程与加工

1. 项目训练的目的与要求

（1）学会加工中心的程序编制方法。

（2）学会在数控仿真软件上校验程序的方法。

（3）了解在加工中心上加工零件的方法。

2. 项目训练的仪器与设备

（1）数控编程仿真软件。

（2）配置 FANUC 数控系统的加工中心及夹具、刀具、工件等相关加工设备。

3. 项目训练的内容

（1）编写图 7-44 所示零件的加工中心加工程序。

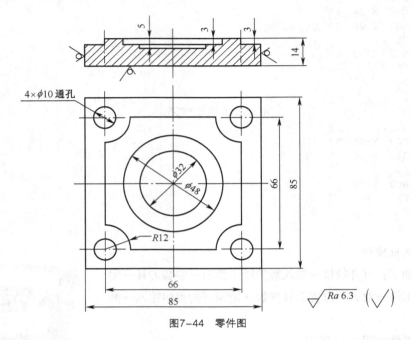

图7-44 零件图

（2）在数控编程仿真软件上校验程序。

（3）观察在加工中心上加工零件的方法和步骤。

4. 项目训练的报告

程序模拟仿真成果报告单。

5. 项目案例

已知零件如图 7-45 所示，毛坯尺寸为 96 mm × 96 mm × 52mm 的方形坯料，材料为硬铝，且底面和四周轮廓均已加工好，其中正五边形外接圆直径为 ϕ80 mm。

（1）零件图分析

该零件毛坯尺寸为 96 mm × 96 mm × 52 mm，且底面和四周轮廓不需要加工，需要加工的表面有四边形凸台外轮廓、ABCDE 五边形凸台外轮廓、圆形凹槽、4 个盲孔。设计基准在工件上表面的中心位置。

（2）工艺处理

① 工件的装夹

工件毛坯的外形为长方体，为使定位和装夹准确、可靠，选择机用虎钳来进行装夹。

② 刀具选择

选择以下 4 种刀具进行加工，T01 为 ϕ60 mm 端铣刀，加工工件上表面；T02 为 ϕ20 mm 立铣刀，加工外轮廓及表面；T03 为 ϕ9.7 mm 麻花钻，用于孔加工；T04 为 ϕ10H8 铰刀，用于铰孔。

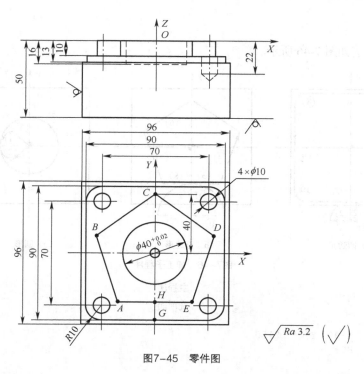

图7-45 零件图

③ 加工工艺方案

对于四边形、五边形外轮廓及圆形内表面，采用先粗铣后精铣的加工方法；孔采用先钻后铰的方法。加工方案安排如下。

粗铣毛坯上表面：用 ϕ60 mm 端铣刀，主轴转速为 1 600 r/mim，进给速度为 500 mm/min。

精铣毛坯上表面：用 ϕ60 mm 端铣刀，主轴转速为 2 000 r/mim，进给速度为 460 mm/min。

粗铣四边形凸台轮廓：用 ϕ20 mm 立铣刀，留精铣余量 1 mm，主轴转速为 1 600 r/mim，进给速度为 500 mm/min。

精铣四边形凸台轮廓：用 ϕ20 mm 立铣刀，主轴转速为 2 000 r/mim，进给速度为 460 mm/min。

粗铣五边形凸台轮廓：用 ϕ20mm 立铣刀，留精铣余量 1 mm，主轴转速为 1 600 r/mim，进给速度为 500 mm/min。

精铣五边形凸台轮廓：用 ϕ20 mm 立铣刀，主轴转速为 2 000 r/mim，进给速度为 460 mm/min。

粗铣凹槽：用 ϕ10 mm 立铣刀，留精铣余量 1 mm，主轴转速为 1 600 r/mim，进给速度为 500 mm/min。

精铣凹槽：用 ϕ10 mm 立铣刀，主轴转速为 2 000 r/mim，进给速度为 460 mm/min。

钻孔：用 ϕ9.7 mm 麻花钻，主轴转速为 600 r/mim，进给速度为 100 mm/min。

铰孔：用 ϕ10H8 铰刀，主轴转速为 600 r/mim，进给速度为 80 mm/min。

（3）数学处理

建立工件坐标系：原点设在工件上表面中心点位置。工件各点坐标计算简单，不再讲解。五边形各点坐标如下：$A(-23.512, -31.944)$、$B(-37.82, 12.6)$、$C(0, 40)$、$D(37.82, 12.36)$、$E(23.512, -31.944)$。

（4）程序编制

子程序加工轨迹如图 7-46 所示。

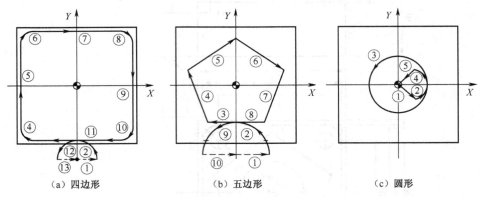

（a）四边形　　　　　（b）五边形　　　　　（c）圆形

图7-46　加工子程序

```
O0001                                    主程序
N10  M06  T01                            铣顶面
N10  M03  S1600
N20  G54  G00  X-90  Y-25  Z150
N40  G43  Z30  H01
N50  Z0.2
N60  G01  X90  F500
N70  G00  Y25
N80  G01  X-90  F500
N90  G00  Z5
N100 X-90  Y-25
N110 Z0
N120 M03  S2000
N130 G01  X90  F460
N140 G00  Y25
N150 G01  X-90  F460
N160 G00  Z30
N170 G49  Z150
N180 M05
N190 M06  T02
N200 M03  S1600
N210 G54  X0  Y-60  Z150
N220 G43  Z30  H02
N230 G00  Z5
N240 M98  P131001                        粗铣四边形外轮廓
N250 G90  G00  X0  Y-60  Z5
N260 M98  P101002                        粗铣五边形外轮廓
N270 G90  G00  Z5                        粗铣圆形凹槽
N280 X0  Y0
N290 M98  P161003                        粗铣圆形凹槽
N300 G90  Z30
N310 G00  X0  Y-60  Z5
N320 M98  P2001                          精铣四边形外轮廓
N330 G90  G00  X0  Y-60  Z5
N340 M98  P2002                          精铣五边形外轮廓
N350 G90  G00  X0  Y0  Z5
```

```
N360 M98  P2003                              精铣圆形凹槽
N370 G90  Z30
N380 G49  Z150
N390 M05
N400 M06  T03
N410 M03  S600
N420 G00  X-35  Y-35  Z150
N430 G43  Z30  H03
N440 G99  G83  Z-27  R5  Q3  P2000  F100     钻孔
N450 Y35.0
N460 X35.0
N470 Y-35.0
N480 G80
N490 G00  Z30
N500 G49  Z150
N510 M05
N520 M06  T04
N530 M03  S600
N540 G00  X-35  Y-35  Z150
N550 G43  Z30  H04
N560 G99  G85  Z-22  R5  F80                  铰孔
N570 Y35
N580 X35
N590 Y-35
N600 G80
N610 G00  Z30
N620 G49  G00  Z150
N630 X0  Y0
N640 M05
N650 M30
O1001                                        四边形粗加工子程序
N10  G91  G01  Z-6  F500
N20  G41  G01  X15  Y0  D01                   D01=22 mm
N30  G03  X-15  Y15  R15
N40  G01  X-35
N50  G02  X-10.0  Y10  R10
N60  G01  Y70
N70  G02  X10  Y10  R10
N80  G01  X70
N90  G02  X10  Y-10  R10
N100 G01  Y-70
N110 G02  X-10  Y-10  R10
N120 G01  X-35
N130 G03  X-15  Y-15  R15
N140 G40  G01  X15  Y0
N150 G00  Z5
N160 M99
O2001                                        四边形精加工子程序
N10  G91  G01   Z-18  F460
N20  G41  G01   X15  Y0  D02                  D02 = 20 mm
N30  G03  X-15  Y15  R15
N40  G01  X-35
N50  G02  X-10  Y10  R10
N60  G01  Y70
N70  G02  X10   Y10  R10
N80  G01  X70
```

```
N90 G02  X10   Y-10  R10
N100 G01  Y-70
N110 G02  X-10  Y-10  R10
N120 G01  X-35
N130 G03  X-15  Y-15  R15
N140 G40  G01   X15  Y0
N150 G00  Z18
N160 M99
O1002                                    五边形粗加工子程序
N10  G91  G01  Z-6  F500
N20  G41  G01  X28.056  Y0  D01          D01 = 22 mm
N30  G03  X-28.056  Y28.056  R28.056
N40  G01  X-23.512
N50  X-14.308  Y44.304
N60  X37.82  Y27.64
N70  X37.82  Y-27.64
N80  X-14.308  Y-44.304
N90  X-23.512
N100 G03  X-28.056  Y-28.056  R28.056
N110 G40  G01  X28.056  Y0
N120 G02  X0  Y0  I0  J60
N130 G00  Z5
N140 M99
O2002                                    五边形精加工子程序
N10  G91  G01  Z-15  F460
N20  G41  G01  X28.056  Y0  D02          D02 = 20 mm
N30  G03  X-28.056  Y28.056  R28.056
N40  G01  X-23.512
N50  X-14.308  Y44.304
N60  X37.82  Y27.64
N70  X37.82  Y-27.64
N80  X-14.308  Y-44.304
N90  X-23.512
N100 G03  X-28.056  Y-28.056  R28.056
N110 G40  G01  X28.056  Y0
N120 G02  X0  Y0  I0  J60
N130 G00  Z15
N140 M99
O1003                                    凹槽粗加工子程序
N10  G91  G01  Z-6  F500
N20  G41  G01  X10.0  Y-10.0  D01        D01 = 22 mm
N30  G03  X10  Y10  R10
N40  G03  X0  Y0  I-20  J0
N50  G03  X-10  Y10  R10
N60  G40  G01  X-10  Y-10
N70  G00  Z5
N80  M99
O2003                                    凹槽精加工子程序
N10  G91  G01  Z-21  F460
N20  G41  G01  X10.0  Y-10.0  D02        D02 = 20 mm
N30  G03  X10  Y10  R10
N40  G03  X0  Y0  I-20  J0
N50  G03  X-10  Y10  R10
N60  G40  G01  X-10  Y-10
N70  G00  Z100
N80  M99
```

（5）程序仿真校验

主要步骤如下：打开软件→进入数控铣床界面→安装刀具→安装夹具→安装工件→对刀→设置刀具参数→把编好的程序输入→循环启动加工。

模拟加工零件如图7-47所示。

（6）加工零件

主要步骤如下：开机→机床回参考点→安装刀具→安装夹具→安装工件→对刀→设置刀具参数→把编好的程序输入→循环启动加工。

加工零件如图7-48所示。

图7-47　模拟仿真零件

图7-48　加工零件

本章介绍了数控铣削编程的基本指令及编程的基本方法、简化编程指令及编程方法、孔加工固定循环的指令及编程方法，还介绍了数控铣床和加工中心的训练，并分别给了案例进行指导。要求读者通过学习掌握数控铣削的编程方法，能够独立完成训练项目。

1．数控铣床与加工中心的区别是什么？

2．在数控铣削编程中，刀具的半径补偿指令有哪些？如何判断刀具的补偿方向？

3．在数控铣削编程中，刀具的半径补偿有哪些优点？

4．在数控铣削编程中，刀具的长度补偿有何作用？

5．用 $\phi 10$ mm 刀具铣出图 7-49 所示槽，工件材料130 mm×110 mm×40 mm 的铝板，刀心轨迹为点画线，槽深2 mm，试编写数控加工程序。

6．用 $\phi 6$ mm 刀具铣出图7-50所示"BOS" 3 个字母，工件材料 180 mm×70 mm×40 mm 的铝板，刀心轨迹为点画线，槽

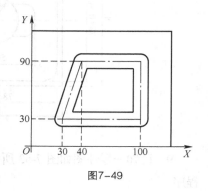

图7-49

深 2 mm，试用编写数控加工程序。

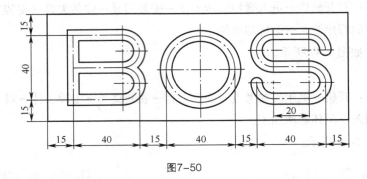

图7-50

7. 已知一零件图如图 7-51 所示，工件材料为 85 mm × 85 mm × 14 mm 的铝板，编写工件加工程序。

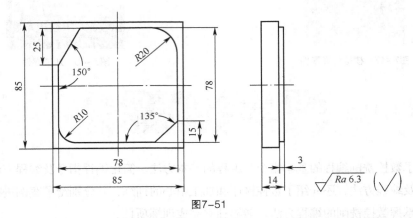

图7-51

8. 已知一零件图如图 7-52 所示，工件材料为 85 mm × 85 mm × 14 mm 的铝板，编写工件加工程序。

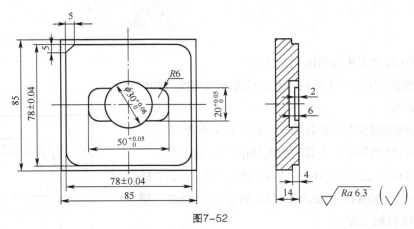

图7-52

9. 已知一零件图如图 7-53 所示，工件材料为 85 mm × 85 mm × 14 mm 的铝板，编写工件加工程序。

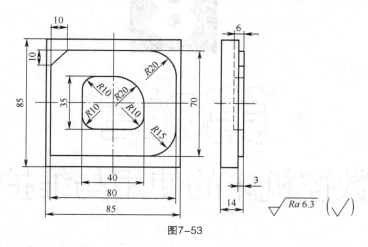

图7-53

10. 已知一零件图如图 7-54 所示，工件材料为 85 mm × 85 mm × 14 mm 的铝板，编写工件加工程序。

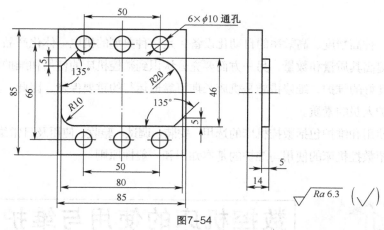

图7-54

11. 已知一零件图如图 7-55 所示，工件材料为 85 mm × 85 mm × 14 mm 的铝板，编写工件加工程序。

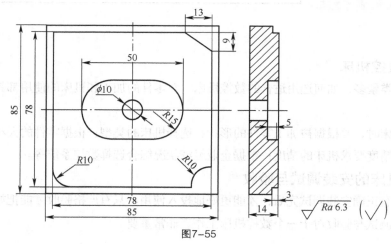

图7-55

Chapter 8

第8章

| 数控机床的使用与维护 |

数控机床是一种高精度、高效率的自动化设备,是一种典型的机电一体化产品。数控机床的发展一方面要努力提高其质量和数量,另一方面要充分认识到数控机床的使用和维护的重要性,认识到正确的使用和良好的维护、维修措施是机床长期可靠地运行的重要保障,因此,必须努力提高数控机床使用和维护人员的素质。

数控机床的使用和维护包括数控机床的选用、安装、调试、验收、使用及日常维护等方面内容。本章主要介绍数控机床的使用与维护的基本知识和一般性原则。

 ## 数控机床的使用与维护的基本要求

1. 选用数控机床

数控机床种类繁多,如何选用适合的数控机床,对零件的加工和机床的使用都具有非常重要的意义。

选用数控机床时,要根据被加工零件的形状,选择机床的类型;根据零件的大小选择机床的规格;根据零件的精度要求机床的精度;根据企业经济状况综合选择数控系统等。

2. 数控机床的安装调试与验收

数控机床只有正确安装调试完后,才能更好地投入使用;只有严格验收才能把好质量关。学会数控机床的安装调试与验收对于一个数控机床工作者非常重要。

数控机床的安装主要包括基础安装和机床各部件准确定位；数控机床的调试主要包括电源的检查、数控系统的参数确认和设定、机床几何精度调整；数控机床的验收主要包括验收的流程和验收的标准。

3. 数控机床的使用与维护

学会数控机床的使用与维护方法，对保持数控机床的精度和充分发挥数控机床的性能具有非常重要的意义。使用数控机床时，要注意机床的使用环境、操作人员的水平和机床的使用率。使用机床的过程中要学会数控机床的日常维护方法。

数控机床的选用

8.2.1　确定被加工工件

由于机床的种类很多，适合加工类型各不相同。为了保证数控机床使用的合理性，必须确定数控机床加工的典型零件。

用数控机床加工的工件往往分为 2 类：一类是高精度、多品种的中小批量零件或以试制生产为主的企业，生产这类零件使用数控机床是为了在保证质量的前提下，满足多变的加工要求的柔性，同时又有很高的生产率，满足这类生产方式的用户往往对数控机床提出过多的柔性要求；另一类是批量生产的典型零件，如摩托车和汽车零件，这类零件使用数控机床的主要目的是在满足一定柔性的前提条件下提高生产率和降低成本。因此，确定哪些零件、哪些工序准备用数控机床来完成，然后采用成组技术把这些需要加工的零件进行归类。

一般来说，对每类数控机床都有其最佳加工的典型零件，如数控车床适用于车削有多种型面（螺纹面、锥面、球面、台阶面等）的轴类零件和法兰类零件；数控铣床适合铣削平面类、变斜角类和曲面类（立体类）零件；加工中心适合加工箱体类、复杂曲面类、盘类和异形体等零件。适合与否不仅看加工质量，还要看加工效率和经济性等。总之，应以性价比来衡量加工方案的合理性。

8.2.2　数控机床规格的选择

数控机床已发展成品种繁多、可供广泛选择的商品，在机型选择中应在满足加工工艺要求的前提下越简单越好。例如，车削中心和数控车床都可以加工轴类零件，但一台满足同样加工规格的车削中心价格要比数控车床贵几倍，如果没有进一步工艺要求，选数控车床应是合理的。在加工型腔模具零件中，同规格的数控铣床和加工中心都能满足基本加工要求，但 2 种机床价格相差 20%～50%，所以在模具加工中要采用常用加工中心，而固定一把刀具长时间铣削的可选用数控铣床。

数控机床的规格应根据确定的典型工件族加工尺寸范围而选择。数控机床的最主要规格是几个数控轴的行程范围和主轴电动机功率。机床的 3 个基本直线坐标（X、Y、Z）行程反映该机床允许的加工空间，在车床中 2 个坐标（X、Z）反映允许回转体的大小。一般情况下，加工工件的轮廓尺寸应在机床的加工空间范围之内，例如，典型工件是 450 mm × 45 mm × 450 mm 的箱体，那么应选取工作台面尺寸为 500 mm × 500 mm 的加工中心。选用工作台面比典型工件稍大一些是出于安装夹具考虑的。机床工作台面尺寸和 3 个直线坐标行程都有一定的比例关系，如上述工作台（500 mm × 500 mm）的机床，X 轴行程一般为 700～800 mm、Y 轴为 500～700 mm、Z 轴为 500～600 mm。因此，工作台面的大小基本上确定了加工空间的大小。个别情况下也允许工件尺寸大于坐标行程，这时必须要求零件上的加工区域处在行程范围之内，而且要考虑机床工作台的允许承载能力，以及工件是否与机床交换刀刀具的空间干涉、与机床防护罩等附件发生干涉等系列问题。

数控机床的主电动机功率在同类规格机床上也可以有各种不同的配置，一般情况下反映了该机床的切削刚性和主轴高速性能。例如，轻型机床比标准型机床主轴电动机功率就可能小 1～2 级。目前一般加工中心主轴转速在 4 000～8 000 r/min，高速型机床立式机床可达 20 000～70 000 r/min，卧式机床达 10 000～20 000 r/min，其主轴电动机功率也成倍加大。主轴电动机功率反映了机床的切削效率，从另一个侧面也反映了切削刚性和机床整体刚度。在现代中小型数控机床中，主轴箱的机械变速已较少采用，往往都采用功率较大的交流可调速电动机直连主轴，甚至采用电主轴结构。这样的结构在低速中扭矩受到限制，即调速电动机在低转速时输出功率下降，为了确保低速输出扭矩，就得采用大功率电动机，所以同规格机床数控机床主轴电动机比普通机床大好几倍。当使用单位的一些典型工件上有大量的低速加工时，也必须对选择机床的低速输出扭矩进行校核。轻型机床在价格上肯定便宜，要求用户根据自己的典型工件毛坯余量大小、切削能力（单位时间金属切除量）、要求达到的加工精度及实际能配置什么样刀具等因素综合选择机床。

近年来数控机床上高速化趋势发展很快，主轴从每分钟几千转到几万转，直线坐标快速移动速度从 10～20 m/min 上升到 80 m/min 以上，当然机床价格也相应上升，用户单位必须根据自己的技术能力和配套能力做出合理选择。如立式加工中心上主轴最高转速可达 50 000～80 000 r/min，除了一些加工特例以外，一般相配套的刀具就很昂贵。一些高速车床都可以达到 6 000～8 000 r/min 甚至以上，这时车刀的配置要求也很高。对少量特殊工件仅靠 3 个直线坐标加工不能满足要求，要另外增加回转坐标（A、B、C）或附加工坐标（U、V、W）等，目前机床市场上这些要求都能满足，但机床价格会增加很多，尤其是对一些要求多轴联动加工要求，如四轴、五轴联动加工，必须对相应配套的编程软件、测量手段等有全面考虑和安排。

确定典型零件的工艺要求和加工工件的批量，拟定数控机床应具有的功能，即作好前期准备，是合理选用数控机床的前提条件。具体选用原则如下。

（1）满足典型零件的工艺要求

典型零件的工艺要求主要是零件的结构尺寸、加工范围和精度要求。根据精度要求，即工件的尺寸精度、定位精度和表面粗糙度的要求来选择数控机床的控制精度。

（2）根据可靠性来选择

可靠性是提高产品质量和生产效率的保证。数控机床的可靠性是指机床在规定条件下执行其功能时，长时间稳定运行而不出故障，即平均无故障时间长，即使出了故障，短时间内能恢复，重新投入使用。选择结构合理、制造精良，并已批量生产的机床。一般而言，用户越多，数控系统的可靠性越高。

（3）机床附件及刀具选购

机床随机附件、备件及其供应能力、刀具，对已投产数控车床、车削中心来说是十分重要的。选择机床，需仔细考虑刀具和附件的配套性。

（4）注重控制系统的同一性

生产厂家一般选择同一厂商的产品，至少应选购同一厂商的控制系统，这给维修工作带来极大的便利。教学单位，由于需要学生见多识广，选用不同的系统，配备各种仿真软件是明智的选择。

（5）根据性能价格比来选择

做到功能、精度不闲置、不浪费，不要选择和自己需要无关的功能。

（6）机床的防护

需要时，机床可配备全封闭或半封闭的防护装置、自动排屑装置。

8.2.3　机床精度的选择

数控机床根据用途又分为简易型、全功能型和超精密型等，其能达到的精度也是各不一样的。简易型目前还用于一部分车床和铣床，其最小运动分辨率为 0.01 mm，运动精度和加工精度都在 0.05 mm 以上。超精密型用于特殊加工，其精度可达 0.001 mm 以下。按精度可分为普通型和精密型，一般数控机床精度检验项目都有 20～30 项，但其最有特征项目是：单轴定位精度、单轴重复定位精度和两轴以上联动加工出试件的圆度，如表 8-1 所示。

表 8-1　　　　　　　　　　　　　数控机床精度特征项目

精 度 项 目	普 通 型	精 密 型
单轴定位精度/mm	0.02/全长	0.005/全长
单轴重复定位精度/mm	0.008	<0.003
铣圆精度（圆度）	0.03～0.04/ϕ200 圆	0.015/ϕ200 圆

其他精度项目与表 8-1 所示内容都有一定的对应关系。定位精度和重复定位精度综合反映了该轴各运动部件的综合精度。尤其是重复定位精度，它反映了该轴在行程内任意定位点的定位稳定性，这是衡量该轴能否稳定可靠工作的基本指标。目前数控系统中软件都有丰富的误差补偿功能，能对进给传动链上各环节系统误差进行稳定的补偿。例如，传动链各环节的间隙、弹性变形和接触刚度等变化因素，它们往往随着工作台的负载大小、移动距离长短、移动定位速度的快慢等反映出不同的瞬时运动量。在一些开环和半闭环进给伺服系统中，测量元件以后的机械驱动元件，受各种偶然因素影响，也有相当大的随机误差影响，如滚珠丝杠热伸长引起的工作台实际定位位置漂移等。总之，如果能选择，那么就选重复定位精度最好的设备。

铣削圆柱面精度或铣削空间螺旋槽（螺纹）是综合评价该机床有关数控轴（两轴或三轴）伺服跟随运动特性和数控系统插补功能的指标，评价方法是测量加工出圆柱面的圆度。在数控机床试切件中还有铣斜方形四边加工法，也可判断 2 个可控轴在直线插补运动时的精度。在做这项试切时，把用于精加工的立铣刀装到机床主轴上，铣削放置在工作台上的圆形试件，对中小型机床圆形试件一般取在 $\phi200\sim\phi300$，然后把切完的试件放到圆度仪上，测出其加工表面的圆度。铣出圆柱面上有明显铣刀振纹，反映该机床插补速度不稳定；铣出的圆度有明显椭圆误差，反映插补运动的 2 个可控轴系统增益不匹配；在圆形表面上每一可控轴运动换方向的点位上有停刀点痕迹（在连续切削运动中，在某一位置停止进给运动刀具就会在加工表面上形成一小段多切去金属的痕迹）时，反映该轴正反向间隙没有调整好。

单轴定位精度是指在该轴行程内任意一个点定位时的误差范围，它直接反映了机床的加工精度能力，所以是数控机床最关键的技术指标。目前全世界各国对该指标的规定、定义、测量方法和数据处理等有所不同，在各类数控机床样本资料介绍中，常用的标准有美国标准（NAS）和美国机床制造商协会推荐标准、德国标准（VDI）、日本标准（JIS）、国际标准化组织（ISO）和我国国家标准（GB）。在这些标准中规定最低的是日本标准，因为它的测量方法是使用单组稳定数据为基础，然后又取出用"±"值把误差值压缩一半，所以用它的测量方法测出的定位精度往往比用其他标准测出的相差一半以上。

其他几种标准尽管处理数据上有所区别，但都反映了要按误差统计规律来分析测量定位精度，即对数控机床某一可控轴行程中某一个定位点误差，应该反映出该点在以后机床长期使用中成千上万次在此定位的误差，而在测量时只能测量有限次数（5～7 次）。为了真实反映这个定位点周围一组随机分散的点群定位误差分布范围，采用了误差统计规律数据处理方法。例如，按老的 ISO 标准推荐 $\pm3\sigma$ 散差处理办法，来测量一台加工中心机床上某一个坐标精度，如图 8-1 所示。

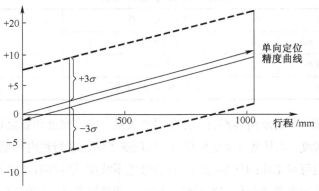

图8-1　定位精度曲线

若对其中的某一定位点在正、反方向趋近该定位点，定位 7 次（$N=7$），其每一次实测数据如下：4 μm、2 μm、1 μm、0、−1 μm、−2 μm、−4 μm。按 ISO 标准规定，该定位点散差的平均值为 $\Delta X_N = 0$，其散差 3σ 约为 7.9 μm。该点定位误差分布如图 8-2 所示。

如图 8-2 所示，在该定位点上，当正反方向反复定位时，将有 99.96% 的可能性在 $\pm3\sigma = 15.8$ μm

范围以内。在德国 VDI 标准内规定 5σ，将得到比这更大的误差。因此，这一重复定位精度为 15.8 μm。自 1998 年以来，国际上开始试运行新标准，按 4σ 处理将得到重复定位精度为 10.5 μm，但该算法反映了 95% 左右定位点范围。按日本 JIS 标准处理上述情况，将得到重复定位精度为 ±4 μm。从这里可以看出，JIS 标准规定精度是最松的，而 VDI 标准要求最为严格。

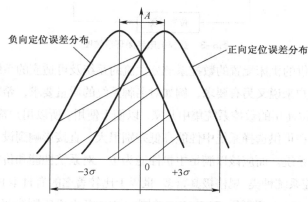

图8-2　定位误差分布范围

　　图 8-1 所示的定位精度曲线，实际上是用整个行程内一连串定位点的定位误差包络线构成全程定位精度范围。现在针对数控机床，测量定位精度和重复定位精度一般都用激光测距仪，编制一个测量运动程序，让机床运动部件每间隔 50～100 mm 移动一个点，往复运动 5～7 次，与测距仪相连的计算机应用软件就会处理出各标准的检测结果。

　　从机床定位精度可估算出该机床加工时可能达到的精度，如在单轴上移动加工 2 个孔的孔距精度约为单轴在该段定位误差的 1～2 倍（具体误差值与工艺因素密切相关）。机床的定位精度与该机床的几何精度相匹配，精密级定位精度的机床，要求该机床的几何精度也不能低于同类的坐标镗床。

　　现在有一些用户对批量生产的典型零件加工，提出设备工艺能力系数的考核，要求 CPK 值为 1.1～1.33，这实质上是要求机床精度相对零件精度允差要有足够精度储备，这样才能满足批量生产加工精度稳定性要求。

　　对定位精度要求较高的机床，必须关注它的进给伺服系统是采用半闭环方式，还是全闭环方式，必须关注使用检测元件的精度及稳定性。机床采用半闭环伺服驱动方式时的精度稳定性要受到一些外界因素影响。例如，传动链中因工作温度变化引起滚珠丝杠长度变化，这必然使工作台实际定位位置产生漂移，进而影响加工件的加工精度。图 8-3 所示为目前常用的半闭环控制系统，位置检测元件放在伺服电动机另一端。滚珠丝杠轴向位置主要靠一端固定，另一端可以自由伸长，当丝杠伸长时工作台就有一个附加移动量。在一些新型中小数控机床上，采用减小导轨负荷（用直线滚动导轨）、提高丝杠制造精度、丝杠两端加预拉伸和丝杠中心通恒温油冷却等措施，在半闭环系统中也得到了较稳定的定位精度。

8.2.4　数控系统的选择

　　在选择数控机床时，随着市场需求多样化，机床制造商往往提供同一种机床可配置多种数控系统的选择、数控系统中多种选择功能的选择。

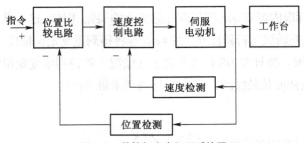

图8-3 数控机床半闭环系统图

一般机床制造商提供的机床配置的数控系统分主流的系统及可适应的系统，主流系统相对技术成熟性好一些，但对用户来说又另有要求，例如对名牌系统的质量要求，希望在国内有较好的售后服务技术条件，用户单位使用的数控系统集中几家，以便于使用。所以用户都愿望配置自己信得过、比较熟悉的数控系统。在可供选择系统中性能高低差别很大，直接影响到设备价格构成，因此，不能片面追求高水平、新系统。而应该以满足主机性能为主，对系统性能和价格等作一个综合分析，选用合适系统。目前数控系统种类、规格极其繁多，世界上比较著名的有日本FANUC、德国SINUME、法国 NUM、意大利 FIDIA、西班牙 FAGOR、美国 A-B，各大机床制造商都有自己的一些系统如MAZAK、OKUMA 等，国内的航天集团、华中理工大学、辽宁蓝天系列、南京大方集团、北方凯奇等，每家公司都有一系列的各种规格产品。

用户选择系统的基本原则是：在满足使用要求的前提下，有高性能价格比，使用、维修方便，售后服务快捷，配件价格合理，系统的市场寿命长（不能选淘汰系统，否则使用几年后找不到维修备件）。

数控系统中基本功能以外还有很多选择功能，对配在机床上的系统，由于机床使用基本要求所需的数控系统选择功能已由制造商选配，用户可以根据自己的生产管理、测量要求、刀具管理、程序编制要求等，额外再选择一些功能列入订货单中，如DNC接口连网要求等。

8.2.5 生产能力的估算

设备选型时必须要考虑生产力。也就是说，根据本单位的生产情况，结合工艺特点，确定设备在一年之内能加工几种典型零件、加工出多少数量的零件。要得到这些数据必须对每一种确定的典型零件进行加工工时和生产节拍估算。按照工艺分析，可以初步确定一个加工工艺线，从中确定在数控机床上的工序内容，根据切削用量和刀具耐用度来计算出每道工序的时间。

根据现用工艺参数，估算每道工序的切削时间（$t_{切}$），而辅助时间通常取切削时间的 10%～20%。另外，中小型加工中心的每次换刀时间为 10～20 s，n 为换刀次数，这样计算出单工序时间为

$$t_{单工序} = t_{切} + t_{辅} + n(10 \sim 20) = t_{切} + (10\% \sim 20\%)t_{切} + n(10 \sim 20)$$

有了单工序时间就不难算出年产量。一年的生产能力按每年 256 个工作日（每周 5 天）、两班制、每班 8h 计算，或按设备年有效利用率 80%～90%，就可计算出机床的年生产能力。值得一提的是，设备利用率是根据各个单位、各个生产时段、用户使用水平、管理水平而变化的。

对典型零件品种多，又希望经常开发新产品时，在机床的满负荷工时计算中，必须考虑更换零

件品种时所需的占用机床的调整时间。作为选择机床估算，可以根据变换品种多少乘以修正系数，此修正系数可根据用户的使用水平高低估算出来。

对于一般典型零件也可根据加工情况，选用一个中等操作水平的工人进行现场计时，算出工人加工一个零件所需时间，或算出工人在 8 h 内所加工的零件数，从而推算出年生产能力。当然，随着操作人员训练度不断提高，年产量可能会更大些。

8.2.6　机床选择功能及附件的选择

选购数控机床时，除满足基本功能及基本件外，还应充分考虑选择功能及附件。选择原则是：全面配置，充分发挥主机的最大潜力，远近期效益综合考虑。对一些价格增加不多，但对使用带来很多方便的，应尽可能配置齐全。附件配套要保证机床到现场后能立即投入使用，切忌花几十万元甚至几百万购买的一台机床，到货后因缺乏一个几十元或几百元的附件而长期不能使用的情况发生。

对数控系统选择功能一种配置方案是以实用为主，不一定选太多，尤其是纳入批量生产线中的设备，应越简单越好，对多品种、小批量生产方式的机床要加强编程功能的选择，如随机程序编制（后台编程）、运动图形显示、人机对话程序编制（GPS）、宏程序编程等，虽然可加快程序编制速度，但费用也要相应增加。另一种配置方案是简化配置数控系统程序编制的功能，单独另外配置自动编程机及与数控系统的通信接口，程序处理都事先在编程机上完成任务，然后花几分钟，送入数控系统，这样做能进一步提高机床开动率。

在提高加工质量和工作可靠性上也发展了许多附件，如自动测量装置、接触式测头及相应测量软件、刀具长度和磨损检测、机床热变形补偿软件等附件。这些附件的选用原则是要求工作可靠、不片面追求新颖。对一些辅助功能附件，如冷却、防护和排屑等装置，主要根据今后在现场使用要求和工艺要求而定，例如，考虑以后加工大余量铸铁件的要求，则要选用高密封防护罩、大流量淋浴式冷却方式和纸质冷却液过滤器装置等。总之，要选择与生产能力相适应的辅件。

数控机床的安装、调试与验收

数控机床必须安装、调试后才能使用，安装、调试的质量直接影响到零件的加工质量，而验收是把握质量的关键，事关设备制造商信誉和用户利益，因此必须严格对待。

8.3.1　数控机床的安装

对于小型数控机床来说这项工作相对要简单些，而中、高档次的数控机床由于运输等多种原因，机床厂家在发货时已将机床解体成几个部分，到用户后要进行重新组装和重新调试，难度比较大，其中主要是机床数控系统的调试比较复杂。

数控机床的安装就是按照技术要求将机床固定在基础上，以获得确定的坐标位置和稳定的运行性能。机床的安装质量对其加工精度和使用寿命有着直接影响，选择机床安装位置应避开阳光直射或强电、强磁干扰，选择环境清洁、空气干燥和温差较小的环境。

1. 机床的基础处理和初就位

机床到货后应及时开箱检查，按照装箱单清点技术资料、零部件、备件和工具等是否齐全无损，核对实物与装箱单及订货合同是否相符，如果发现有损坏或遗漏问题，应及时与供货厂商联系解决，尤其注意不要超过索赔期限。

仔细阅读机床安装说明书，按照说明书的机床基础图或《动力机器基础设计规范》做好安装基础。在基础养护期满并完成清理工作后，将调整机床水平用的垫铁、垫板逐一摆放到位，然后使用制造商提供的专用起吊工具（如果不需要专用工具，则应采用钢丝绳按照说明书的规定部位吊装），把组成机床的各大部件分别在地基上就位。就位时，垫铁、调整垫板和地脚螺栓等也应相应对号入座。

2. 机床部件的组装

机床部件的组装是指将分解运输的机床重新组合成整机的过程。组装前注意做好部件表面的清洁工作，将所有连接面、导轨、定位和运动面上的防锈涂料清洗干净，然后准确、可靠地将各部件连接组装成整机。

在组装立柱、数控柜、电气柜、刀具库和机械手的过程中，机床各部件之间的连接定位均要求使用原装的定位销、定位块和其他定位元件，这样各部件在重新连接组装后，能够更好地还原机床拆卸前的组装状态，保持机床原有的制造和安装精度。

在完成机床部件的组装之后，按照说明书标注和电线、管道接头的标记连接电缆、油管、气管和水管。将电缆、油管和气管可靠地插接和密封连接到位，要防止出现漏油、漏气和漏水问题，特别要避免污染物进入液、气压管路，否则会带来意想不到的麻烦。总之要力求使机床部件的组装达到定位精度高、联接牢靠、构件布置整齐等良好的安装效果。

8.3.2 数控机床的调试

数控机床的调试，包括电源的检查、数控系统的电参数的确认和设定、机床几何精度调整等，检查与调试工作关系到数控机床能否正常投入使用。

1. 电源的检查

① 电源输入电压、频率及相序的确认。检查电源输入电压是否与机床设定相匹配，频率转换开关是否置于相应的位置。检查确认变压器的容量是否满足控制单元和伺服系统的电能消耗。检查电源电压波动范围是否在数控系统允许的范围内。日本的数控系统一般允许在电压额定值的±10%范围内波动，而欧美的数控系统要求较高一些，在±5%以内，否则要外加交流稳压器。

对于采用晶闸管控制元件的速度控制单元和主轴控制单元的供电电源，一定要检查相序。在相序不正确情况下，接通电源，可能使速度控制单元的输入熔断丝烧断，这是由于误导通，造成的大电流引起的。

相序检查方法有 2 种：一种用相序表测量，当相序接法正确时（即与表上的端子标记的相序相同时），相序表按顺时针方向旋转；另一种可用示波器测量二相之间的波形，两相看一下，确定各相序。

② 确认直流电源单元电压输出端对地是否短路，各种数控系统内部都有直流稳压电源单元，为系统提供+5 V、±15 V、+24 V 等直流电压。因此，在系统通电前，应通过万用表检查这些电源的负载，是否对地有短路现象。

③ 检查各印刷电路板上的电压是否正常。接通电源之后，首先应该检查数控柜内各风扇是否旋转，确认电源是否接通，各种直流电压是否在允许的范围内波动。一般来说，对+5 V 电源的电压要求较高，波动范围在±5%范围内，因为它是供给逻辑电路的；+24 V 的电源应在±10%的波动范围之内，超出范围要进行调整，否则会影响系统的稳定性。

2. 参数的设定确认

（1）短接棒的设定

数控系统内的印刷电路板上有许多短路棒来短路的设定点，这项设定已由机床制造厂完成设定，用户只需确认与记录一下。但对于单个购入的数控装置，用户则必须根据需要，自行设定。因为数控装置出厂时，是按标准方式设定的，不一定适合于具体用户要求。设定确认的内容随数控系统而定，有以下 3 方面。

① 确认控制部分印刷线路板上的设定。主要确认主板、ROM 板、连接单元、附加轴控制板以及旋转变压器或感应同步器控制板上的设定。这些设定与机床返回基准点的方法、速度反馈的检测元件、检测增益调节及分度精度调节等有关。

② 确认速度控制单元印刷电路板上的设定。在直流速度控制单元和交流速度控制单元上都有许多的设定点，用于选择检测元件的种类、回路增益以及各种报警等。

③ 确认主轴控制单元印刷电路板上的设定。无论是直流还是交流主轴控制单元上，均有一些用以选择主轴电动机电流极限和主轴转数的设定点。但数字式交流主轴控制单元上已用数字设定代替短路棒的设定，故只能在通电时才能进行设定与确认。

（2）确认数控系统中各种参数的设定

设定系统参数（包括 PC 参数）的目的，就是当数控装置与机床相连接时，能使机床具有最佳的工作性能。即使是同一种数控系统，其参数设定也随机而异。随机附带的参数表是机床的重要技术资料，应妥善保管，不得遗失，否则将给机床的维修和恢复性能带来困难。

显示参数的方法，随各类数控机床而异。大多数厂家产品可通过 MDI/CRT 单元上的参数键来显示已存入系统存储器的参数。显示的参数内容应与机床安装、调试完成后的参数表一致。

如果所用的进给和主轴控制是数字式的，那么它的参数设定也是用数字设定参数，而不用短路棒。此时，须根据随机所带的说明书，予以确认。

3. 机床通电试车

在通电试车前要对机床进行全面润滑，给润滑油箱、润滑点灌注规定的油液或油脂，为液压油箱加足规定标号的液压油，需要压缩空气的要接通气压源，调整机床的水平，粗调机床的主要几何

精度。如果是大中型设备，要在初就位和已经完成组装的基础上，重新调整主要运动部件与机床主轴的相对位置，比如机械手、刀具库与主机换刀位置的校正，APC托架与工作台交换位置的找正等。

通电试车按照先局部分别供电试验，再作全面供电试验的顺序进行。接通电源后首先查看有无故障报警，检查散热风扇是否旋转，各润滑油窗是否来油，液压泵电动机转动方向是否正确，液压系统是否达到规定压力指标，冷却装置是否正常等。在通电试车过程中要随时准备按压"急停"按钮，以避免发生意外情况时造成设备损坏。

先用手动方式分别操纵各轴及部件连续运行。通过CRT或DPL显示，判断机床部件移动方向和移动距离是否正确，使机床移动部件达到行程限位极限，验证超程限位装置是否灵敏有效，数控系统在超程时是否发出报警。机床基准点是运行数控加工程序的基本参照，要注意检查重复回基准点的位置是否完全一致。

在上述检查过程中如果遇到问题，要查明异常情况的原因并加以排除。当设备运行达到正常要求时，用水泥灌注主机和各部件的地脚螺栓孔，待水泥养护期满后再进行机床几何精度的精调和试运行。

4. 机床精度和功能的测试

在已经固化的地基上用地脚螺栓和垫铁精调机床主床身的水平。找正水平后，移动床身上的各运动部件（立柱、溜板和工作台等），观察各坐标全行程内机床水平的变化情况，并相应地调整机床几何精度，使之在允许范围之内。使用的检测工具有精密水平仪、标准方尺、平尺、平行光管等。在调整时，主要以调整垫铁为主，必要时，可稍微改变导轨上的镶条和预紧滚轮等。一般说来，只要机床质量稳定，通过上述调整可将机床调整到出厂的精度。

仔细检查数控系统和PC装置中参数设定值是否符合随机资料中规定数据，然后试验各主要操作动作、安全措施、常用指令执行情况等，如各种运行方式（手动、点动、MDI、自动方式等）。

检查辅助功能及附件的正常工作，例如，机床的照明灯、冷却防护罩和各种护板是否完整；向冷却液箱中加满冷却液，试验喷管是否能正常喷出冷却液；在用冷却防护罩的情况下冷却液是否外漏；排屑器能否正常工作；机床主轴的恒温油箱能否起作用等。

5. 试运行

数控机床安装完毕后，要求整机在带一定负载条件下，经过一段较长的时间自动运行，较全面检查机床功能及工作可靠性。运行时间尚无统一规定，一般采用每天运行8h连续运行2～3d或每天运行24h连续运行1～2d。这个过程称作考机。试运行中采用的程序叫做考机程序，可以直接采用机床厂调试时用的考机程序或自行编制一个程序。考机程序应包括：主要数控系统的功能使用，自动换刀，取用刀库中2/3的刀具，主轴的最高、最低及常用的转速，快速和常用的进给速度，工作台面的自动交换，主机M指令的使用等。试运行时，机床刀库上应插满刀柄，取用刀柄重量应接近规定重量，交换工作台面上也应加上负载。在试运行时间内，除操作失误引起的故障以外，不允许机床有故障出现，否则表明机床安装调试存在问题。

对于机电一体化设计的小型机床，它的整体刚性很好，对地基没有什么要求，而且机床到安装地之后，也不必再去组装或进行任何的连接，一般说来，只要接通电源，调整好床身的水平后，就可以投入使用。

8.3.3 数控机床的验收

1. 数控设备调试验收的流程

数控机床验收可以分为下面 2 个环节。

（1）在制造厂商工厂的预验收

预验收的目的是为了检查、验证机床能否满足用户的加工质量及生产率，检查供应商提供的资料、备件。其主要工作包括以下内容。

① 检验机床主要零部件是否按合同要求制造。

② 各机床参数是否达到合同要求。

③ 检验机床几何精度及位置精度是否合格。

④ 机床各动作是否正确。

⑤ 对合同未要求部分检验，如发现不满意处可向生产厂家提出，以便及时改进。

⑥ 对试件进行加工，检查是否达到精度要求。

⑦ 做好预验收记录，包括精度检验及要求改进之处，并由生产厂家签字。

如果预验收通过，则意味着用户同意该机床向用户厂家发运，当货物到达用户处后，用户将支付该设备的大部分金额。所以，预验收是非常重要的步骤，不可忽视。

（2）在设备采购方的最终验收

最终验收工作主要根据机床出厂合格证上规定的验收标准及用户实际能提供的检测手段，测定机床合格证上各项指标。检测结果作为该机床的原始资料存入技术档案中，作为今后维修时的技术指标依据。

不管是预验收还是最终验收，根据《金属切削机床 通用技术条件》（GB/T 9061—2006）标准中的规定，调试验收应该包括的内容如下：①外观检验；②附件和工具的检验；③参数检验；④机床的空运转试验；⑤机床的负荷实验；⑥机床的精度检验；⑦机床的工作实验；⑧机床的寿命实验；⑨其他。

2. 数控设备调试验收的常见标准

数控机床调试和验收应当遵循一定的规范进行，数控机床验收的标准有很多，通常按性质可以分为 2 大类，即通用类标准和产品类标准。

（1）通用类标准

这类标准规定了数控机床调试验收的检验方法、测量工具的使用、相关公差的定义、机床设计、制造、验收的基本要求等。如我国的标准《机床检验通则 第 1 部分 在无负荷或精加工条件下机床的几何精度》（GB/T 17421.1—1998）、《机床检验通则 第 2 部分 数控轴线的定位精度和重复定位精度的确定》（GB/T 17421.2—2000）、《机床检验通则 第 4 部分 数控机床的圆检验》（GB/T 17421.4—2003）。这些标准等同于 ISO 230 标准。

（2）产品类标准

这类标准规定具体形式的机床的几何精度和工作精度的检验方法，以及机床制造和调试验收的具体要求。如我国的《加工中心技术条件》（JB/T 8801—1998）、《加工中心检验条件 第1部分 卧式和带附加主轴头机床几何精度检验（水平Z轴）》（JB/T8771.1—1998）、《加工中心检验条件 第6部分 进给率、速度和插补精度检验》（GB/T 18400.6—2001）等。具体形式的机床应当参照合同约定和相关的中外标准进行具体的调试验收。

当然在实际的验收过程中，也有许多的设备采购方按照德国 VDI/DGQ3441 标准或日本的 JIS B6201、JIS B6336、JIS B6338 标准或国际标准 ISO 230。不管采用什么样的标准，需要注意的是不同的标准对"精度"的定义差异很大，验收时一定要弄清各个标准精度指标的定义及计算方法。

8.4 数控机床的使用与维护

数控机床安装、调试完毕后，如何合理使用数控机床，保养、维修是用户必须面对的问题，关键是从制度上健全保障体系，提高管理水平，强化责任意识。

8.4.1 数控机床的使用

1. 数控机床使用环境
为了保持机床的精度，必须密切注意安装机床的环境状况。

（1）环境参数

环境参数如表 8-2 所示。

表 8-2　　　　　　　　　　　　环境参数

项　　目	环境参数条件	备　　注
温度	17℃～25℃（运行时） 0～60℃（运输时）	允许范围 15℃～40℃，理想温差±2℃
湿度	20℃时 40%～70%	无结露
振动	0.5 G 以下	

（2）安装场所

不得将设备安装在辐射中，如微波、紫外线、激光或 X 射线范围内。为了保证机床的加工精度，减少设备周围的温差，请不要在以下区域安装：①阳光直射；②湿度大；③温差大；④振动；⑤强磁场；⑥多尘。

避免在设备的安装区域的周围有如下情况：①车库；②有汽车频繁往来的车道；③压力或冲压设备；④电焊、点焊或氩弧焊；⑤变电站；⑥高压线路；⑦易产生粉尘的设备或加工。

（3）安装场地

设备安装场所的地基，必须全部夯实。没有空洞、虚土等地基不良现象。设备安装场所必须有符合国家有关要求的固定电源，不得使用临时电源。必须保证设备有良好的接地保护。设备的安装场所必须要稳定的气源。提供的压缩空气必须为干燥的、洁净的、符合国家有关要求的压缩空气。

（4）电源要求

设备安装场所提供的电源必须为三相四线制。线电压 380（±5%）V。如果设备场所提供的三相四线制电源线电压为 200（1±5%）V。设备在进行动力电接入时，就不要再通过变压器进行连接。如果设备场所提供的三相四线制电源线电压为 220 V。设备在进行动力电接入后，要注意电源的稳压，务必保证电源电压波动不得高过 220（1±5%）。

（5）压缩空气

压缩空气的主管路必须配有主管道过滤器、干燥器。气压必须保证在 0.5～0.7 MPa，气体流量 5 m^3/h。

2. 使用人员层次

数控机床操作者必备的条件有识图能力、刀具常识、一般机械加工经验以及一定的外语水平。

目前，市场对数控人才的需求有以下 3 个层次，所需掌握的知识结构也各不同。

（1）金领层（数控通才）

精通数控编程员、数控操作技工和数控维护、维修人员所需掌握的综合知识，并在实际工作中积累了大量实际经验，知识面广，能自行完成数控系统的选型、数控机床机械结构设计和电气系统的设计、安装、调试和维修，独立完成机床的数控化改造，适合于担任企业的技术负责人或机床厂数控机床产品开发的机电设计主管。数控通才是企业的抢手人才，其待遇很高。

（2）银领层

① 数控编程员：掌握数控加工工艺知识和数控机床的操作，掌握复杂模具的设计和制造专业知识，熟练掌握三维 CAD/CAM 软件如 UG、Pro/E 等，熟练掌握数控手工和自动编程技术。数控编程员应具有较强的软件应用能力，此类人员需求量大，尤其在模具行业非常受欢迎，待遇也较高。

② 数控机床维护人员：熟悉各种数控系统的特点、软硬件结构，掌握数控机床的操作与编程，能进行 PLC 和参数设置，清楚数控机床的机械结构和机电联调，精通数控机床的机械和电气维修。

（3）蓝领层

数控机床操作技工：精通机械加工和数控加工工艺知识，熟练掌握数控机床的操作和手工编程，了解自动编程和数控机床的简单维修。此类人员市场需求量大，适合作为车间的数控机床操作技工。

3. 提高数控机床使用率

国外数控机床在两班制工作下开动率达到 60%～70%，但国内许多用户往往只能达到 20%～30%。提高数控机床利用率的对策有以下几点。

① 为数控机床创造一个良好的"工作环境"，做到"人—数控机床—环境"相互协调，是用户用好数控机床的必要条件。

② 数控机床对电源的要求较为严格，一般要求工作电压为 380（1±5%）V。

③ 为数控机床配置合适的自动编程系统，快速、准确地编制程序是提高数控机床使用率的一个重要环节。

④ 必须配备必要的附件和刀具。应当注意单独签订合同购买附件的单价大大高于随同主机一起供货的附件单价，有条件的企业应尽可能在购买主机时一并购置部分易损部件及其他附件。在企业生产中，工艺和产品结构都有变化的可能，如在购置时能作预计性的考虑，配置必需的附件和刀具，使机床无须作大的变动即能适应变化，可避免资金投入的浪费，做到"一机多能"。

⑤ 加强生产管理，健全规章制度，落实生产责任制。同时要加强维修队伍建设，配置必要的检测设备，建立故障早期预报制度，防患未然。除此之外，建立快速响应机制，尽快排除故障，使设备尽快地用于生产中。当然，对于维修能力薄弱的单位，可以与专业维修部门用合同形式来解决快速维修问题。

8.4.2　数控机床的日常维护

数控机床的维护是保证生产、延长设备寿命、提高设备利用率、减少故障率的必不可少的工作，是企业管理是否规范的重要依据。

预防性维护的关键是加强日常保养，主要的保养工作有下列内容。

（1）日检

其主要项目包括液压系统、主轴润滑系统、导轨润滑系统、冷却系统和气压系统。日检就是根据各系统的正常情况来加以检测。例如，当进行主轴润滑系统的过程检测时，电源灯应亮，油压泵应正常运转，若电源灯不亮，则应保持主轴停止状态，与机械工程师联系，进行维修。

（2）周检

其主要项目包括机床零件和主轴润滑系统，应该每周对其进行正确的检查，特别是对机床零件要清除铁屑，进行外部杂物清扫。

（3）月检

主要是对电源和空气干燥器进行检查。电源电压在正常情况下额定电压为 180～220 V，频率为 50 Hz，如有异常，要对其进行测量、调整。空气干燥器应该每月拆一次，然后进行清洗、装配。

（4）季检

季检应该主要从机床床身、液压系统和主轴润滑系统 3 方面进行检查。例如，对机床床身进行检查时，主要看机床精度和机床水平是否符合手册中的要求，如有问题，应马上和机械工程师联系。对液压系统和主轴润滑系统进行检查时，如有问题，应分别更换新油 60 L 和 20 L，并对其进行清洗。

（5）半年检

半年后，应该对机床的液压系统、主轴润滑系统以及 X 轴进行检查，如出现毛病，应该更换新油，然后进行清洗工作。

全面地熟悉及掌握了预防性维护的知识后，还必须对油压系统异常现象的原因与处理有更深的了解及必要的掌握。如当油泵不喷油、压力不正常、有噪声等现象出现时，应知道主要原因有哪些，有什么相应的解决方法。

总而言之，要想做好数控机床的预防性维护工作，关键是要让学生了解日常维护与保养的知识。

项目训练——机床切削精度检测

1. 项目训练的目的与要求

了解数控机床单项精度的检测方法。

2. 项目训练的仪器与设备

加工中心、加工工件、夹具、刀具及相应的检测工具等。

3. 项目训练的内容

（1）在加工中心上加工零件。

（2）切削精度检测。

4. 项目训练的报告

写出切削精度检测报告。

5. 项目案例

在立式加工中心上加工零件，图 8-4 所示为零件图、图 8-5 所示为实体图。通过试切零件，确定机床的切削精度（参照标准 JB/T 8771—1998）。

（1）试件的数量。标准中提供了 2 种类型，且每种类型具有 2 种规格试件。试件的类型、规格和标志见表 8-3。

表 8-3　　　　　　　　　　试件的类型、规格和标志

类　　型	名义规格/mm	标　　志
A 轮廓加工试件	160	试件 JB/T 8771.7—A160
	320	试件 JB/T 8771.7—A320
B 端铣试件	80	试件 JB/T 8771.7—B80
	160	试件 JB/T 8771.7—B160

原则上每种类型仅加工一种，在特殊要求情况下，根据需要决定加工试件数量。

（2）试件的定位。试件应位于 X 行程的中间位置，并沿 Y 轴和 Z 轴在适合试件和夹具定位及刀具长度的适当位置放置。

（3）试件的固定。试件应在专用的夹具上安装，以达到刀具和夹具的最大稳定性。夹具定位面、夹持面和试件安装基面都应保证平直。安装时，应检测试件安装基面与夹具夹持面的平行度，应使用合适的夹持方法以便刀具能贯穿加工中心的全长。建议使用沉头螺钉紧固试件，以避免刀具和试件干涉。试件总高度取决于所选用的固定方法。

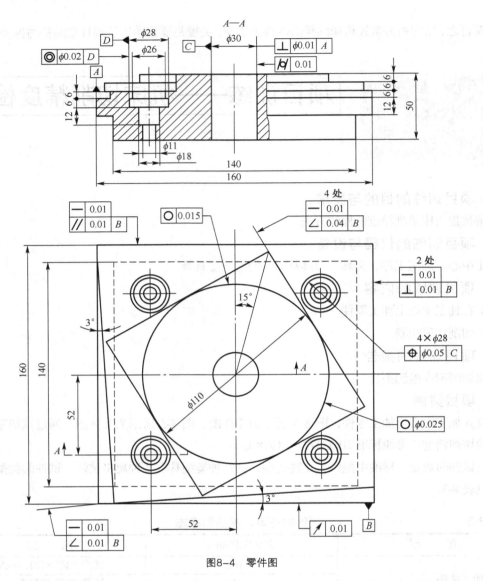

图8-4 零件图

（4）轮廓试件加工。该检测包括在不同轮廓上的一系列精加工，用来检查不同运动条件下的机床性能，即仅一个轴线进给、不同进给率的两轴直线插补、一轴进给率非常低的两轴直线插补和圆弧插补。

因为是在不同的轴向高度加工不同的轮廓表面，因此应保持刀具与试件下表面离开零点几毫米的距离以避免接触。

（5）可选用直径为ϕ32 mm 的同一把立铣刀加工试件的所有外表面，所加工的试件如图 8-4 所示，实体图如图 8-5 所示。

图8-5 实体图

（6）切削参数。推荐下列切削参数。

① 切削速度。铸铁件切削速度约为 50 m/min，铝件切削速度约为 300 m/min。

② 进给量。进给量为 0.05～0.10 mm/齿。

③ 铣削深度。所有铣削工序精加工在径向切深应为 0.2 mm。

（7）毛坯和预加工。毛坯底部为正方形底座，高度由安装方法确定。为使切削深度尽可能恒定，精加工前应进行粗加工。

（8）检测与允差轮廓试件检测项目及检测方法如表 8-4 所示。

表 8-4　　　　　　　　　　　　　检测项目及检测方法

检 测 项 目			允差/mm		检 测 工 具
			$L = 320$	$L = 160$	
中心孔		圆柱度	0.015	0.01	三坐标测量仪
		孔中心轴线与基准面 A 的垂直度	$\phi 0.015$	$\phi 0.01$	
正方形		侧面直线度	0.015	0.01	
		相邻面与基准面 B 的垂直度	0.020	0.01	
		相对面与基准面 B 的垂直度	0.020	0.01	
菱形		侧面直线度	0.015	0.01	
		侧面对基准面 B 的倾斜度	0.020	0.01	
圆		圆度	0.020	0.015	
		外圆和内孔 C 的同轴度	$\phi 0.025$	$\phi 0.025$	
斜面		面的直线度	0.015	0.01	
		3° 斜面对基准面 B 的倾斜度	0.020	0.01	
镗孔		孔相对于内孔 C 的位置度	$\phi 0.05$	$\phi 0.05$	
		内孔与外孔 D 的同轴度	$\phi 0.02$	$\phi 0.02$	

本章介绍了数控机床的选用，数控机床的安装、调试与验收，数控机床的使用与维修。通过本章学习，要求掌握根据单位实际情况，合理选择数控机床，了解数控机床的安装、调试、验收的方法，掌握数控机床使用要求，明确维护在日常生产中的意义。

1. 数控机床的选用应注意哪几个方面？
2. 数控机床安装包括哪些内容？调试包括哪些内容？
3. 说明数控机床的验收流程。
4. 数控机床的日常维护包括哪些内容？

参考文献

【1】李艳霞. 数控机床及应用[M]. 北京：化学工业出版社，2014.

【2】李艳霞. 数控机床及应用技术[M]. 北京：人民邮电出版社，2009.

【3】李艳霞. 新编数控机床及其应用[M]. 北京：兵器工业出版社，2000.

【4】李佳. 数控机床及应用[M]. 北京：清华大学出版社，2001.

【5】李业农. 数控机床及其应用[M]. 北京：国防工业出版社，2006.

【6】胡如祥. 数控加工编程与操作[M]. 大连：大连理工大学出版社，2006.

【7】娄锐. 数控机床[M]. 大连：大连理工大学出版社，2006.

【8】周虹. 数控加工工艺设计与程序编制[M]. 北京：人民邮电出版社，2009.

【9】霍苏萍. 数控铣削加工工艺编程与操作[M]. 北京：人民邮电出版社，2009.

【10】余英良. 数控工艺与编程技术[M]. 北京：化学工业出版社，2007.

【11】徐建高. FANUC 系统数控铣床（加工中心）编程与操作实用教程[M]. 北京：化学工业出版社，2007.

【12】尹玉珍. 数控车削编程与考级（FANUC0i-TB 系统）[M]. 北京：化学工业出版社，2006.

【13】张丽华. 数控编程与加工技术[M]. 大连：大连理工大学出版社，2006.

【14】王宝成. 数控机床与编程实用教程[M]. 天津：天津大学出版社，2004.

【15】翟瑞波. 数控机床编程与操作[M]. 北京：中国劳动社会保障出版社，2004.

【16】赵长明，刘万菊. 数控加工工艺及设备[M]. 北京：高等教育出版社，2003.

【17】夏凤芳. 数控机床[M]. 北京：高等教育出版社，2005.

【18】刘书华. 数控机床与编程[M]. 北京：机械工业出版社，2001.

【19】周晓宏. 数控加工工艺与设备[M]. 北京：机械工业出版社，2008.

【20】贺曙新，张思弟，文少波. 数控加工工艺[M]. 北京：化学工业出版社，2005.

【21】顾京. 数控加工编程及操作[M]. 北京：高等教育出版社，2003.